EINFÜHRUNG IN DIE MATHEMATISCHE LOGIK
UND IN DIE METHODOLOGIE DER MATHEMATIK

VON

ALFRED TARSKI
WARSCHAU

WIEN
VERLAG VON JULIUS SPRINGER
1937

ISBN 978-3-7091-5878-4   ISBN 978-3-7091-5928-6 (eBook)
DOI 10.1007/978-3-7091-5928-6

ALLE RECHTE, INSBESONDERE DAS DER ÜBERSETZUNG
IN FREMDE SPRACHEN, VORBEHALTEN

COPYRIGHT 1937 BY JULIUS SPRINGER IN VIENNA

Manzsche Buchdruckerei, Wien IX.

Vorwort.

Der Laie spricht manchmal die Ansicht aus, die Mathematik wäre heutzutage schon eine tote Wissenschaft: nachdem sie einen ungemein hohen Grad der Entwicklung erreicht hat, sei sie in ihrer steinernen Vollkommenheit erstarrt. Dies ist ein völlig irriges Bild der Situation: nur wenige Wissenschaftsgebiete befinden sich heute in der Phase einer solch intensiven Entwicklung wie die Mathematik. Diese Entwicklung ist dabei außerordentlich vielseitig: die Mathematik erweitert ihre Domäne nach allen möglichen Richtungen, sie wächst in die Höhe, in die Weite und in die Tiefe. Sie wächst in die Höhe, da auf dem Boden ihrer alten Theorien, denen eine jahrhundert-, ja sogar jahrtausendlange Entwicklung zugrunde liegt, immer wieder neue Probleme auftauchen, immer schärfere und vollkommenere Resultate erzielt werden; in die Weite, da ihre Methoden andere Wissenschaftszweige durchdringen, ihr Untersuchungsbereich immer umfangreichere Gebiete von Erscheinungen umfaßt und immer neue Theorien in den großen Kreis mathematischer Disziplinen einbezogen werden; und schließlich in die Tiefe, da ihre Grundlagen immer mehr gefestigt, die bei ihrem Aufbau angewandten Methoden immer vollkommener werden und ihre Prinzipien an Dauerhaftigkeit gewinnen.

In dem vorliegenden Buch wünschte ich dem Leser, der für die gegenwärtige Mathematik Interesse aufweist, aber ihr fernsteht, mindestens einen ganz allgemeinen Begriff von dieser dritten Entwicklungslinie der Mathematik, d. i. von ihrer Entwicklung in die Tiefe, zu geben. Ich wollte den Leser mit den wichtigsten Begriffen derjenigen Disziplin bekanntmachen, die *mathematische Logik* genannt wird und die zum Zwecke einer Vertiefung und Befestigung der Grundlagen der Mathematik geschaffen wurde, einer Disziplin, die trotz ihrer kurzen, kaum hundertjährigen Existenz schon einen hohen Grad der Vollkommenheit erreicht hat und deren Rolle in der Gesamtheit unseres Wissens bedeutsam über die ihr ursprünglich gezogenen Grenzen hinausgeht. Meine Absicht war zu zeigen, daß die Begriffe der Logik die ganze Mathematik durchdringen, daß sie alle spezifisch mathematischen Begriffe als Sonderfälle umfassen und daß in den mathematischen Schlüssen stets — bewußt oder unbewußt — Gesetze der Logik angewendet werden. Endlich wünschte ich die wichtigsten Prinzipien des Aufbaus mathematischer Theorien darzustellen, Prinzipien, mit deren genauen Bearbeitung sich wieder eine andere Disziplin — die *Methodologie der Mathematik* — befaßt, und zu zeigen, wie die Anwendung jener Prinzipien in der Praxis aussieht.

Es war nicht leicht, diesen ganzen Plan im Rahmen eines ziemlich kleinen Buches zu verwirklichen, ohne dabei beim Leser eine besondere mathematische Bildung oder eine größere Schulung in Überlegungen abstrakten Charakters vorauszusetzen. Auf Schritt und Tritt war es notwendig, eine möglichst leichte Faßlichkeit mit der gewünschten Knappheit der Überlegungen zu verbinden, wobei sehr auf das Vermeiden von Fehlern und größeren Ungenauigkeiten vom wissenschaftlichen Gesichtspunkt aus geachtet werden mußte. Es war notwendig, eine Sprache zu benützen, die möglichst wenig von der Umgangssprache abweicht, und auf die Verwendung einer besonderen logischen Symbolik zu verzichten, obgleich diese ein Instrument von hohem Wert bildet, das die Knappheit mit der Präzision der Darstellung zu vereinigen gestattet, die Möglichkeit von Vieldeutigkeiten und Mißverständnissen in hohem Maße beseitigt und dadurch wesentliche Dienste in allen subtileren Überlegungen leistet. Es war notwendig, von vornherein auf eine systematische Darstellung zu verzichten, von einer Unmenge der sich bietenden Fragen nur wenige genauer zu besprechen, andere nur flüchtig zu berühren, noch andere völlig zu verschweigen, mit dem Bewußtsein, daß die Auswahl in stärkerem oder schwächerem Grade den Charakter einer subjektiven Willkürlichkeit haben muß. In denjenigen Fällen, in denen die heutige Wissenschaft bisher keine einheitliche Stellung eingenommen hat und für ein und dasselbe Problem eine Reihe von möglichen, gleich korrekten Lösungen gibt, konnte

man an eine objektive Darstellung aller bekannten Meinungen
gar nicht denken, es war im Gegenteil notwendig, sich zu einem
bestimmten Gesichtspunkt zu entscheiden; bei der Entscheidung
habe ich mehr darauf gesehen, daß die gewählte Methode der
Problemlösung möglichst einfach ist und sich in einer populären
Weise darstellen läßt, als darauf, daß sie meinen persönlichen
Tendenzen entspricht. — Ich gebe mich nicht der Täuschung
hin, daß es mir überall gelungen ist, diese und noch viele
andere Schwierigkeiten zu überwinden.

Um die Betrachtungen zugänglicher zu machen und sie ihres
rein abstrakten Charakters zu entledigen, habe ich sie an konkreten,
aus den mathematischen Disziplinen geschöpften Beispielen stets
zu veranschaulichen versucht. Da ich vom Leser kein mathe-
matisches Wissen fordern wollte, das über den Stoff der Mittelschule hinausgeht, war die Auswahl der Beispiele von vornherein begrenzt: man mußte sie aus denjenigen Teilen der
Elementarmathematik schöpfen, die in der Schule behandelt
werden, also hauptsächlich aus der Arithmetik und der Geometrie. Als Hauptquelle für Beispiele hat mir die Arithmetik
gedient; ich bin nämlich der Meinung — entgegen der bisherigen Tradition und Schulpraxis —, daß sich die Arithmetik
wegen der Einfachheit ihrer Begriffe und Sätze und wegen der
Einheitlichkeit der Beweismethoden viel besser als die Geometrie
zur Veranschaulichung verschiedener elementaren Erscheinungen
logischer und methodologischer Natur eignet.

Dieses Buch zerfällt in zwei Teile: der erste Teil vermittelt
Kenntnisse aus der mathematischen Logik und der Methodologie
der Mathematik, der zweite Teil enthält in der Form eines Beispiels die Grundlegung einer elementaren mathematischen Theorie,
die ein Bruchstück der Arithmetik bildet, was Gelegenheit gibt,
die im ersten Teile erworbenen Kenntnisse anzuwenden und zu
vervollständigen. In den am Ende jedes Kapitels angegebenen
Übungsaufgaben werden manchmal Probleme berührt, die zu
besprechen ich im Texte keine Gelegenheit hatte. Kurze histori-
sche Aufschlüsse sind in den Anmerkungen enthalten.

Die Abschnitte, die am Anfang und am Ende mit einem
Stern „*" versehen sind, enthalten schwierigeres Material (oder
setzen die Kenntnis anderer Abschnitte, die ein derartiges Material

enthalten, voraus); man kann sie beim ersten Lesen ohne wesentlichen Nachteil für das Verstehen der weiteren Überlegungen übergehen. Dasselbe betrifft die Übungsaufgaben, die durch einen Stern vor ihrer Nummer gekennzeichnet sind.

Das vorliegende Buch bildet eine nahezu genaue Übersetzung des polnischen Originals, das im vorigen Jahre erschienen ist. Daß die deutsche Ausgabe zustande gekommen ist, verdanke ich in erster Linie *Moritz Schlick*, unvergeßlichen Andenkens, der infolge seiner vielseitigen Interessen auch für dieses, seiner eigentlichen Forschungsarbeit ziemlich ferne liegendes Buch Verständnis gefunden hat. Bei der Übersetzung tauchten verschiedene Fragen terminologischer Natur auf, sowie Probleme, die mit der Anpassung des Buches an einen neuen Leserkreis verbunden waren; für wertvolle Ratschläge zu einzelnen diesbezüglichen Fragen bin ich den Herren *Beer* (Wien), *Łukasiewicz* (Warschau), *Menger* (Wien) und *Straszewicz* (Warschau) zu großem Dank verpflichtet. Ich danke Fräulein *Rand* (Wien) für ihre Hilfe bei der Übersetzung. Auch danke ich herzlich Frau *Kokoszyńska* (Kattowitz) und Herrn *Woodger* (London), die vollständige Korrekturen des Buches gelesen und mir viele wichtige Bemerkungen mitgeteilt haben.

Warschau, im Mai 1937.

Alfred Tarski.

Inhaltsverzeichnis.

Erster Teil.
Hauptbegriffe der mathematischen Logik. Deduktive Methode.

Seite

I. Über die Variablen 1
  1. Konstanten und Variablen 1
  2. Ausdrücke, die Variablen enthalten: Satz- und Bezeichnungsfunktionen 2
  3. Aufstellung von mathematischen Lehrsätzen mit Hilfe von Variablen 4
  4. Der Alloperator und der Existenzoperator; freie und gebundene Variablen 7
  5. Die Bedeutung der Variablen für die Mathematik 9
    Übungsaufgaben 10

II. Über den Aussagenkalkül 12
  6. Die spezifisch mathematischen und die logischen Ausdrücke; mathematische Logik 12
  7. Der Aussagenkalkül; die Negation eines Satzes, die Konjunktion und die Disjunktion von Sätzen 13
  8. Die Implikation oder der Bedingungssatz; Bildung von konjugierten Sätzen 16
  9. Die Äquivalenz von Sätzen 18
  10. Aufstellung von Definitionen; Regeln des Definierens 19
  11. Lehrsätze des Aussagenkalküls 22
  12. Anwendung von Lehrsätzen des Aussagenkalküls in mathematischen Beweisen 24
  13. Regeln des Beweisens, vollständige Beweise 26
    Übungsaufgaben 28

III. Über die Theorie der Identität 31
  14. Logische Begriffe außerhalb des Aussagenkalküls; Begriff der Identität 31
  15. Wichtigste Lehrsätze aus der Theorie der Identität .. 32
  16. Die Gleichheit in der Arithmetik und in der Geometrie und ihre Beziehung zu der logischen Identität 35

	Seite
17. Die Quantitätsoperatoren	37
Übungsaufgaben	38

IV. Über die Klassentheorie ... 41
- 18. Mengen und ihre Elemente ... 41
- 19. Mengen und Satzfunktionen mit éiner freien Variablen ... 43
- 20. Grundbeziehungen zwischen Mengen ... 45
- 21. Operationen mit Mengen ... 47
- 22. Gleichzahlige Mengen, Anzahl der Elemente einer Menge, endliche und unendliche Mengen ... 49
- Übungsaufgaben ... 51

V. Über die Relationstheorie ... 55
- 23. Beziehungen, ihre Vorder- und Hinterglieder; Beziehungen und Satzfunktionen mit zwei freien Variablen ... 55
- 24. Einige Eigenschaften von Beziehungen ... 57
- 25. Beziehungen, die zugleich reflexiv, symmetrisch und transitiv sind; Abstraktionsprinzip ... 58
- 26. Ordnungsbeziehungen; Beispiele von anderen Beziehungen ... 60
- 27. Eindeutige Beziehungen oder Funktionen; die Rolle der Funktionen in der Mathematik selbst sowie in den Anwendungen der Mathematik auf die Naturwissenschaften ... 62
- 28. Die Satz- und Bezeichnungsfunktionen und der neue Funktionsbegriff ... 65
- 29. Umkehrbare Funktionen und die eineindeutige Zuordnung; die Definition des Begriffes der Gleichzahligkeit ... 66
- 30. Mehrgliedrige Beziehungen; Funktionen von mehreren Variablen und Operationen ... 69
- 31. Die Bedeutung der Logik für die Mathematik ... 71
- Übungsaufgaben ... 72

VI. Über die deduktive Methode ... 78
- 32. Grundprinzipien des Aufbaus der mathematischen Wissenschaften: Grundbegriffe und definierte Begriffe, Axiome und Theoreme; deduktive Methode als charakteristisches Merkmal der Mathematik ... 78
- 33. Formaler Charakter der mathematischen Disziplinen, Modell und Interpretation eines Axiomensystems ... 81
- 34. Beispiele von Interpretationen der Axiomensysteme ... 84
- 35. Die Willkürlichkeit in der Auswahl von Axiomen und Grundbegriffen; Postulate der Unabhängigkeit ... 87
- 36. Postulate der Formalisierung von Definitionen und Beweisen, formalisierte deduktive Disziplinen ... 89

Inhaltsverzeichnis. IX

37. Das Problem der Widerspruchsfreiheit und der Vollständigkeit von mathematischen Disziplinen........ 92
Übungsaufgaben 95

Zweiter Teil.
Anwendungen der Logik und der Methodologie beim Aufbau eines Bruchstücks der Arithmetik.

VII. Sätze über die Anordnung von Zahlen.......... 98
38. Grundbegriffe des aufzubauenden Bruchstücks der Arithmetik; erste Gruppe von Axiomen............ 98
39. Sätze der Irreflexivität für die Beziehungen »kleiner als« und »größer als«; indirekte Beweise........... 100
40. Weitere Sätze über die Beziehungen »kleiner als« und »größer als« 102
41. Die Beziehungen „$\leq$" und „$\geq$" 104
Übungsaufgaben................................ 108

VIII. Sätze über die Addition und die Subtraktion.. 110
42. Zweite Gruppe von Axiomen; einige allgemeine Eigenschaften von Operationen, der Begriff der Gruppe und insbesondere der Abelschen Gruppe 110
43. Kommutative und assoziative Gesetze für eine größere Anzahl von Summanden........................ 112
44. Die Sätze der Monotonie für die Addition und ihre Umkehrungen; ein neuer Typus von indirekten Beweisen 113
45. Geschlossene Systeme von Sätzen.................. 118
46. Folgerungen aus den Sätzen der Monotonie; die üblichste Art von indirekten Beweisen................ 120
47. Definition der Subtraktion; inverse Operationen.... 122
48. Bemerkungen über Definitionen, deren Definiendum das Gleichheitszeichen enthält.................. 123
49. Sätze, die die Subtraktion betreffen............... 126
Übungsaufgaben 127

IX. Methodologische Betrachtungen über das aufgebaute Bruchstück der Arithmetik........... 132
50. Überflüssige Axiome in dem ursprünglichen Axiomensystem $\mathfrak{A}$, Axiomensystem $\mathfrak{A}'$ 132
51. Unabhängigkeit der Axiome des Systems $\mathfrak{A}'$, Beweise durch Interpretation.............................. 135
52. Reduktion der Grundbegriffe im Axiomensystem $\mathfrak{A}'$, Axiomensystem $\mathfrak{A}''$; Begriff der geordneten Abelschen Gruppe 137

Seite

53. Das vereinfachte Axiomensystem $\mathfrak{A}'''$ und seine Äquivalenz mit den vorangehenden Systemen; Bemerkungen über die möglichen Umformungen des Systems von Grundbegriffen 140
54. Das Problem der Widerspruchsfreiheit des betrachteten Bruchstücks der Arithmetik.................. 145
55. Das Problem der Vollständigkeit des betrachteten Bruchstücks der Arithmetik..................... 146
    Übungsaufgaben 147

X. **Axiomensysteme für die ganze Arithmetik reeller Zahlen**.................................. 153

56. Unzulänglichkeit des Axiomensystems $\mathfrak{A}$ für die Begründung der ganzen Arithmetik reeller Zahlen; System $\mathfrak{A}^\times$, seine Grundbegriffe und Axiome 153
57. Nähere Charakterisierung des Systems $\mathfrak{A}^\times$, dichte und stetige Beziehungen; methodologische Vorteile und didaktische Nachteile des Systems $\mathfrak{A}^\times$.......... 154
58. Grundbegriffe und Axiome des Systems $\mathfrak{A}^{\times\times}$ 157
59. Nähere Charakterisierung des Systems $\mathfrak{A}^{\times\times}$: Einheitselement einer Operation, Distributivität einer Operation hinsichtlich einer anderen, der Begriff des Körpers und des geordneten Körpers..................... 158
60. Äquivalenz der Axiomensysteme $\mathfrak{A}^\times$ und $\mathfrak{A}^{\times\times}$; methodologische Nachteile und didaktische Vorteile des Systems $\mathfrak{A}^{\times\times}$ 160
    Übungsaufgaben 162

Literaturangaben............................... 165

Erster Teil.
Hauptbegriffe der mathematischen Logik. Deduktive Methode.

I. Über die Variablen.

1. Konstanten und Variablen. Jede mathematische Disziplin ist ein System von Sätzen, die als wahr anerkannt und *Lehrsätze* genannt werden. Diese Lehrsätze folgen einander in einer bestimmten Reihenfolge — nach gewissen Prinzipien, die wir näher in VI besprechen werden. Die Lehrsätze werden in der Regel von Überlegungen begleitet, die diese Lehrsätze begründen (ihre Richtigkeit erweisen) sollen und die *Beweise* genannt werden.

Unter den Ausdrücken und Zeichen, die in mathematischen Lehrsätzen und Beweisen vorkommen, unterscheiden wir *Konstanten* und *Variablen*.

In der Arithmetik kommen z. B. solche Konstanten vor wie „*Zahl*",[1] „*Null*" („0"), „*Eins*" („1"), „*Summe*" („+") u. v. a. Jedes der angeführten Zeichen hat eine genau bestimmte Bedeutung, die im Laufe der Überlegungen unverändert bleibt.

Als Variablen benützen wir in der Regel einzelne Buchstaben, in der Arithmetik z. B. die kleinen Buchstaben des lateinischen Alphabets: „a", „b", „c" ..., „x", „y", „z". Im Gegensatz zu den Konstanten besitzen die Variablen überhaupt keine selbständige Bedeutung. Man kann die Frage:

Hat Null diese und diese Eigenschaft?,

z. B.:

Ist Null eine ganze Zahl?,

---

[1] Den Terminus „*Zahl*" gebrauchen wir hier ständig in der Bedeutung, in der gewöhnlich der Terminus „*reelle Zahl*" in der Mathematik gebraucht wird; er umfaßt also ganze und gebrochene Zahlen, rationale und irrationale, positive und negative, dagegen nicht imaginäre oder komplexe Zahlen.

mit „*ja*" oder „*nein*" beantworten, die Antwort kann wahr oder falsch sein, aber in jedem Falle ist sie sinnvoll. Dagegen kann eine Frage, die x betrifft, z. B. die Frage:

Ist x eine ganze Zahl?,

nicht sinnvoll beantwortet werden.

In Hinblick auf gewisse Stellen, denen man in den Schulbüchern, besonders in solchen älteren Datums, begegnet, könnte man vermuten, daß auch den Variablen ein selbständiger Sinn zugeschrieben werden kann. Man sagt nämlich, daß auch die Zeichen „x", „y" ... gewisse Zahlen oder Größen bezeichnen, aber nicht „konstante Zahlen" (die durch konstante Zeichen wie „0", „1" ... bezeichnet werden), sondern die sog. „variablen Zahlen" oder vielmehr die „variablen Größen". In dieser Anschauung steckt ein grobes Mißverständnis. Die „variable Zahl" x könnte keine bestimmte Eigenschaft besitzen, sie könnte z. B. weder positiv noch negativ noch gleich Null sein; oder vielmehr die Eigenschaften einer solchen Zahl würden sich von Fall zu Fall verändern: diese Zahl würde manchmal positiv, manchmal negativ, schließlich manchmal gleich Null sein. Solche Gebilde finden wir in der Welt überhaupt nicht; ihre Existenz würde den Grundgesetzen unseres Denkens widersprechen. Der Einteilung der Symbole in Konstanten und Variablen entspricht somit keine Einteilung der Zahlen.

2. Ausdrücke, die Variablen enthalten: Satz- und Bezeichnungsfunktionen. Im Zusammenhang damit, daß Variablen keinen selbständigen Sinn haben, sind solche Redewendungen wie:

x ist eine ganze Zahl

keine Sätze, obgleich sie die grammatische Form von Sätzen haben: sie drücken kein bestimmtes Urteil aus und können weder bestätigt noch widerlegt werden. Aus dem Ausdruck:

x ist eine ganze Zahl

entsteht erst dann ein Satz, wenn wir in ihm „x" durch eine Konstante ersetzen, die eine bestimmte Zahl bezeichnet: setzt man z. B. für „x" das Symbol „1" ein, so entsteht ein wahrer Satz, setzt man dagegen „$\frac{1}{2}$" ein, so entsteht ein falscher Satz. Ein solcher Ausdruck, der Variablen enthält und nach Ersetzung dieser Variablen durch bestimmte Konstanten zu einem Satz wird, wird *Satzfunktion* genannt. Die Mathematiker benützen übrigens diesen Ausdruck ungern, da sie den Terminus „Funktion" in einer anderen Bedeutung gebrauchen. Häufiger wird in diesem Sinn der Ausdruck „*Bedingung*" verwendet; Satzfunktionen und Sätze aber, die sich ausschließlich aus mathematischen Symbolen (und nicht aus Worten der Umgangssprache) zusammensetzen, wie z. B.:

$$x + y = 5,$$

werden von den Mathematikern in der Regel *Formeln* genannt. Wir werden statt „Satzfunktion" manchmal einfach „Satz" sagen — allerdings nur in solchen Fällen, die zu keinem Mißverständnis führen werden.

Die Rolle der Variablen hat man manchmal treffend mit der Rolle der leeren Stellen in Blanketten und Fragebögen verglichen: so wie ein Fragebogen erst nach Ausfüllung der leeren Stellen einen bestimmten Inhalt erhält, so wird eine Satzfunktion erst nach Einsetzung von Konstanten an Stelle der Variablen zu einem Satz. Erhält man als Resultat der Einsetzung gewisser Konstanten an Stelle der Variablen (und zwar gleicher Konstanten an Stelle gleicher Variablen) aus der gegebenen Satzfunktion einen wahren Satz, so sagt man, daß die Dinge, die durch diese Konstanten bezeichnet werden, die gegebene Satzfunenge *erfüllen*. So z. B. erfüllen die Zahlen 1, 2 und $2\frac{1}{2}$ die Satzfunktion:

$$x < 3,$$

dagegen erfüllen die Zahlen 3, 4 und $4\frac{1}{2}$ diese Satzfunktion nicht.

Neben den Satzfunktionen verdienen noch andere Ausdrücke Beachtung, in denen Variablen vorkommen, und zwar die sog. *Bezeichnungsfunktionen*: es sind dies Ausdrücke, die nach Ersetzung der Variablen durch gewisse Konstanten zu Bezeichnungen von Dingen werden. So ist z. B.:

$$2^x + 1$$

eine Bezeichnungsfunktion, da man die Bezeichnung einer bestimmten Zahl erhält (z. B. der Zahl 5), wenn man in diesem Ausdruck an Stelle von „x" eine beliebige Konstante einsetzt, die eine Zahl bezeichnet (z. B. „2").

Bezeichnungsfunktionen sind insbesondere alle sog. *algebraischen Ausdrücke*, die aus Variablen, aus Konstanten, die Zahlen bezeichnen, sowie aus Zeichen der vier arithmetischen Grundoperationen zusammengesetzt sind, wie z. B.:

$$x - y, \quad \frac{x+1}{y+2}, \quad 2 \cdot (x + y - z).$$

Algebraische Gleichungen, d. h. Formeln, die aus zwei durch das Zeichen „=" verbundenen algebraischen Ausdrücken bestehen, sind dagegen Satzfunktionen. Bezüglich der Gleichungen hat sich bekanntlich in der Mathematik eine besondere Terminologie ausgebildet: Variablen, die in einer Gleichung vorkommen, nennt man *Unbekannte*, und die Zahlen, die die Gleichung erfüllen, werden als *Wurzeln der Gleichung* bezeichnet. So ist z. B. in der Gleichung:

$$x^2 + 6 = 5 \cdot x$$

die Variable „x" eine Unbekannte und die Zahlen 2 und 3 sind Wurzeln der Gleichung.

Von den Variablen „x", „y" ..., deren man sich in der Arithmetik bedient, sagt man, daß sie *Bezeichnungen von Zahlen vertreten*. Damit soll ungefähr folgendes gesagt werden: eine die Symbole „x", „y" ... enthaltende Satzfunktion wird dann zu einem Satz, wenn man an Stelle dieser Symbole solche Konstanten einsetzt, die eben Zahlen bezeichnen (und nicht Ausdrücke, die Operationen mit Zahlen, Beziehungen zwischen Zahlen oder irgendwelche Dinge außerhalb des Gebietes der Arithmetik bezeichnen wie geometrische Figuren, Tiere, Pflanzen usw.). In ähnlichem Sinne vertreten die Variablen, die in der Geometrie vorkommen, Bezeichnungen von Punkten und geometrischen Gebilden. Auch von den Bezeichnungsfunktionen, denen man in der Arithmetik begegnet, kann man behaupten, daß sie Bezeichnungen von Zahlen vertreten. Man sagt manchmal einfach, daß die Symbole „x", „y" ... selbst sowie die Bezeichnungsfunktionen, die aus ihnen gebildet wurden, Zahlen bezeichnen oder daß sie Bezeichnungen von Zahlen sind, aber man gebraucht dann diese Redewendungen in einem übertragenen Sinne.

3. Aufstellung von mathematischen Lehrsätzen mit Hilfe von Variablen. Man kann aus Satzfunktionen noch auf einem an-

Aufstellung von mathematischen Lehrsätzen.

deren als dem früher beschriebenen Wege Sätze bilden. Betrachten wir die Formel:

$$x + y = y + x;$$

dies ist eine Satzfunktion, die zwei Variablen „x" und „y" enthält und die durch jedes beliebige Zahlenpaar erfüllt wird: setzt man irgendwelche Konstanten, die Zahlen bezeichnen, an Stelle von „x" und „y" ein, so erhält man stets eine wahre Formel. Diese Tatsache drücken wir kurz in folgender Weise aus:

Für beliebige Zahlen x und y: $x + y = y + x$.

Der eben angegebene Ausdruck ist schon ein echter Satz, und zwar ein wahrer Satz; wir erkennen in ihm eines der fundamentalen Gesetze der Arithmetik, nämlich das sog. kommutative Gesetz der Addition. In analoger Weise werden die wichtigsten Lehrsätze der Mathematik formuliert, und zwar alle sog. *generellen Sätze* oder *Sätze von generellem Charakter*, die behaupten, daß beliebige Dinge einer gewissen Kategorie (z. B., wenn es sich um die Arithmetik handelt, beliebige Zahlen) diese oder jene Eigenschaft besitzen. Es muß bemerkt werden, daß in der Formulierung genereller Sätze die Wendung „*für beliebige Dinge* (z. B. *Zahlen*) $x, y \ldots$" oft weggelassen wird und in Gedanken ergänzt werden muß; so wird z. B. das kommutative Gesetz der Addition einfach in folgender Gestalt angegeben:

$$x + y = y + x.$$

Dies ist ein ziemlich verbreiteter Gebrauch, an den auch wir uns im Laufe der weiteren Überlegungen vorwiegend halten werden.

Betrachten wir jetzt die Satzfunktion:

$$x > y + 1.$$

Diese Formel wird nicht durch jedes Zahlenpaar erfüllt: falls z. B. „3" an Stelle von „x" und „4" an Stelle von „y" eingesetzt wird, so erhält man eine Falschheit:

$$3 > 4 + 1.$$

Wenn man also sagt:

Für beliebige Zahlen x und y: $x > y + 1$,

so spricht man zweifellos einen sinnvollen, aber offenbar falschen

Satz aus. Anderseits gibt es solche Zahlenpaare, die die betrachtete Satzfunktion erfüllen: ersetzt man z. B. „x" durch „4" und „y" durch „2", so erhält man eine wahre Formel:

$$4 > 2 + 1.$$

Dies drückt man kurz durch folgende Worte aus:

Für gewisse Zahlen x und y: $x > y + 1$

oder indem man sich einer häufiger gebrauchten Form bedient:

Es gibt Zahlen x und y, so daß $x > y + 1$.

Die angeführten Ausdrücke sind bereits wahre Sätze; es sind Beispiele von *existenziellen Sätzen* oder *Sätzen von existenziellem Charakter*, die die Existenz von Dingen (z. B. Zahlen) mit einer gewissen Eigenschaft feststellen.

Mit Hilfe der beschriebenen Methoden kann man aus einer beliebigen Satzfunktion Sätze bilden; doch hängt es vom Inhalt der Satzfunktion ab, ob man einen wahren oder falschen Satz erhält. Zur Illustration soll noch ein Beispiel angeführt werden. Die Formel:

$$x = x + 1$$

wird von keiner Zahl erfüllt; ob man ihr also die Worte „*für eine beliebige Zahl x*" oder die Redewendung „*es gibt eine Zahl x, so daß*" vorausschickt, gelangt man immer zu einem falschen Satz.

Im Gegensatz sowohl zu generellen als auch zu existenziellen Sätzen können Sätze, die keine Variablen enthalten, wie z. B.:

$$3 + 2 = 2 + 3,$$

als *singuläre Sätze* bezeichnet werden. Diese Klassifikation ist keineswegs erschöpfend, da es viele mathematische Lehrsätze gibt, die man keiner der drei angeführten Kategorien unterordnen kann. Als Beispiel soll folgender Satz angeführt werden:

Für beliebige Zahlen x und y gibt es eine Zahl z, so daß $x = y + z$.

Sätze von diesem Typus werden manchmal *bedingt existenzielle Sätze* genannt (zum Unterschied von den vorher betrachteten existenziellen Sätzen, die auch als *absolut existenzielle Sätze* bezeichnet werden können): sie stellen die Existenz von Zahlen fest, die eine gewisse Eigenschaft besitzen, machen dies aber von der Existenz anderer Zahlen abhängig.

4. Der Alloperator und der Existenzoperator; freie und gebundene Variablen. Redewendungen von solchem Typus wie „*für beliebige Dinge* (z. B. *Zahlen*) *x, y . . .*" und „*es gibt Dinge* (z. B. *Zahlen*) *x, y . . ., so daß . . .*" werden *Operatoren* genannt; der erste dieser Ausdrücke heißt *Alloperator*, der zweite *Existenzoperator*. Im vorigen Paragraphen wurde u. a. versucht, die Bedeutung dieser beiden Operatoren auseinanderzusetzen; um ihre Wichtigkeit für die Mathematik hervorzuheben, soll hier noch ausdrücklich darauf hingewiesen werden, daß nur dank der expliziten oder impliziten Verwendung von Operatoren ein Ausdruck, der Variablen enthält, als ein Satz — also als Aussage eines genau bestimmten Urteils — auftreten kann; ohne ihre Hilfe könnte man keinesfalls Variablen beim Formulieren von mathematischen Lehrsätzen benützen.

In der Umgangssprache werden gewöhnlich keine Variablen gebraucht, deswegen sind also auch die Operatoren überflüssig. Im allgemeinen Gebrauch sind dagegen gewisse Worte, die in einem sehr engen Zusammenhang mit den Operatoren stehen, nämlich die Worte „*jeder*", „*alle*", „*ein gewisser*", „*manche*" u. ä. Um diesen Zusammenhang zu erläutern, bemerken wir, daß Ausdrücke wie:

jeder Mensch ist sterblich

oder

manche Menschen sind klug

ungefähr denselben Sinn haben wie Sätze, die mit Hilfe von Operatoren formuliert werden:

für beliebiges M, wenn M ein Mensch ist, so ist M sterblich,

beziehungsweise:

es gibt ein M, so daß M ein Mensch ist und zugleich M klug ist.

* Eine Satzfunktion, in der die Variablen „x", „y", „z" . . . vorkommen, wird automatisch sofort zu einem Satz, sobald man ihr einen oder mehrere Operatoren voransetzt, die alle diese Variablen enthalten; wenn dagegen der Operator manche Variablen nicht enthält, so bleibt der betreffende Ausdruck eine Satzfunktion, ohne zu einem Satz zu werden. So z. B. wird die Formel:

$$x = y + z$$

zu einem Satz, wenn man ihr eine der Redewendungen „*für be-*

liebige Zahlen x, y und z", *„es gibt Zahlen x, y und z, so daß"*, *„für beliebige Zahlen x und y gibt es eine Zahl z, so daß"* usw. voransetzt. Wenn man dagegen dieser Formel den Operator *„es gibt eine Zahl z, so daß"* voransetzt, so bekommt man noch keinen Satz; dagegen ist der gewonnene Ausdruck:

es gibt eine Zahl z, so daß $x = y + z$

zweifellos eine Satzfunktion, denn er wird zu einem Satz im Augenblick, wo wir in ihm an Stelle von „x" und „y" gewisse Konstanten einsetzen, ohne daß mit „z" eine Änderung vorgenommen wird (oder wenn man diesem Ausdruck einen geeigneten Operator — z. B. *„für beliebige Zahlen x und y"* — voransetzt).

Daraus ersieht man, daß zwischen den Variablen, die in einer Satzfunktion auftreten, zwei verschiedene Gruppen unterschieden werden können: die Variablen erster Art — sie werden *freie* oder *echte Variablen* genannt — sind dafür entscheidend, daß der betrachtete Ausdruck eine Satzfunktion ist und kein Satz; um eine Satzfunktion zu einem Satz zu machen, muß man diese Variablen durch Konstanten ersetzen (oder am Anfang der Satzfunktion Operatoren voransetzen, die diese freien Variablen enthalten); die übrigen Variablen dagegen — die sog. *gebundenen* oder *scheinbaren Variablen* — sollen bei einer derartigen Umformung einer Satzfunktion nicht verändert werden. So z. B. sind in der vorher betrachteten Satzfunktion:

es gibt eine Zahl z, so daß $x = y + z$

„x" und „y" freie Variablen, das Symbol „z" kommt dagegen zweimal als eine gebundene Variable vor. Welche Variablen frei und welche gebunden sind, hängt vollkommen von der Struktur der Satzfunktion ab, und zwar von dem Vorhandensein und der Stellung der Operatoren. Beginnt z. B. eine Satzfunktion mit einem Operator, der „x" enthält, so kommt in ihr das Symbol „x" überall als eine gebundene Variable vor; in solchen Fällen wird manchmal gesagt, daß der Operator *die Variable* „x" *bindet*. In Formeln von der Art wie:

$$x + y > x + z,$$

die keine Operatoren enthalten, treten ausschließlich freie Variablen auf; ein Ausdruck dagegen, der ein Satz ist, darf lediglich gebundene Variablen enthalten. *

5. Die Bedeutung der Variablen für die Mathematik.

Wie wir in 3 gesehen haben, spielen die Variablen eine weittragende Rolle beim Aufstellen von mathematischen Lehrsätzen. Aus dem Gesagten folgt freilich noch nicht, daß das Formulieren dieser Lehrsätze ohne Hilfe von Variablen grundsätzlich unmöglich wäre. In der Praxis ist das aber tatsächlich fast unausführbar: sogar relativ einfache Sätze bekommen eine komplizierte und undurchsichtige Gestalt. Zur Illustration soll z. B. folgender Lehrsatz der Arithmetik betrachtet werden:

Für beliebige Zahlen x und y: $x^3 - y^3 = (x - y) \cdot (x^2 + x \cdot y + y^2)$;

wir sprechen ihn dann ohne Hilfe von Variablen aus:

Die Differenz der dritten Potenzen zweier beliebiger Zahlen ist gleich dem Produkt der Differenz dieser Zahlen und der Summe dreier Summanden, von denen der erste das Quadrat der ersten Zahl, der zweite das Produkt der beiden Zahlen und der dritte das Quadrat der zweiten Zahl ist.

Eine noch wesentlichere Bedeutung vom Standpunkt der Ökonomie des Denkens besitzen die Variablen für mathematische Beweise. Der Leser wird sich das leicht veranschaulichen, wenn er irgendeinen Beweis, den er im Laufe der weiteren Überlegungen findet, von den Variablen freizumachen versucht. Es soll dabei beachtet werden, daß diese Beweise viel einfacher sind als die durchschnittlichen Überlegungen, denen man in verschiedenen Gebieten der höheren Mathematik begegnet; Versuche, diese Überlegungen ohne Hilfe von Variablen durchzuführen, würden erhebliche Schwierigkeiten bereiten. Es möge noch bemerkt werden, daß wir der Einführung der Variablen die Entwicklung einer so fruchtbaren Methode zur Lösung mathematischer Probleme verdanken, wie es die Methode der Gleichungen ist. Man kann ohneweiters behaupten, daß die Erfindung der Variablen einen Wendepunkt in der Geschichte der Mathematik bedeutet: der Mensch hat mit diesen Symbolen ein Werkzeug in die Hand bekommen, das der ungeheuren Entwicklung der mathematischen Wissenschaft den Weg ebnete und zugleich gestattete, diese Wissenschaft zu vertiefen und sie auf feste Grundlagen zu stellen.[1]

---

[1] Die Variablen wurden schon in der Antike von griechischen Mathematikern und Logikern benützt — allerdings nur unter bestimmten Umständen oder in vereinzelten Fällen. Erst im Anfang

Über die Variablen.

Übungsaufgaben.

1. Welche von den folgenden Ausdrücken sind Satzfunktionen und welche Bezeichnungsfunktionen:

a) *x ist durch 3 teilbar*,

b) *die Summe der Zahlen x und* 2,

c) $y^2 - z^2$,

d) $y^2 < z^2$,

e) $x + 2 < y + 3$,

f) $(x + 3) - (y + 5)$,

g) $(x + z) \cdot (x + 2 \cdot z)$,

h) $x + z = x - z$?

2. Man gebe Beispiele von Satzfunktionen und Bezeichnungsfunktionen aus dem Gebiete der Geometrie an.

3. Die Satzfunktionen, denen man in der Arithmetik begegnet und die nur éine Variable enthalten (diese kann übrigens an mehreren verschiedenen Stellen in der gegebenen Satzfunktion auftreten), lassen sich in drei Kategorien einteilen:

(1) Funktionen, die durch jede Zahl erfüllt werden; (2) Funktionen, die durch keine Zahl erfüllt werden; (3) Funktionen, die durch einige Zahlen erfüllt, durch andere aber nicht erfüllt werden.

Zu welcher dieser Kategorien gehören folgende Satzfunktionen:

a) $x + 2 = 5 + x$,

b) $x^2 = 49$,

c) $(y + 2) \cdot (y - 2) < y^2$,

d) $y + 24 > 36$,

e) *z ist eine positive Zahl, die kleiner als* 3 *ist*,

f) $z + 24 > z + 36$,

g) $z^2 < z^3$,

h) $(x + 2)^2 = x^2 + 4 \cdot x + 4$,

i) $x = 0$ *oder* $x < 0$ *oder* $x > 0$?

---

des 17. Jahrhunderts begann man mit Variablen in systematischer Weise zu operieren und sie konsequent beim Aufstellen von mathematischen Formeln und bei der Begründung von mathematischen Lehrsätzen anzuwenden; dies ist hauptsächlich das Verdienst des französischen Mathematikers *F. Vieta* (1540—1603).

4. Man gebe Beispiele von generellen Sätzen, absolut-existenziellen Sätzen und bedingt-existenziellen Sätzen aus dem Gebiete der Arithmetik und der Geometrie an.

5. Wenn man der Satzfunktion:

$$x > y$$

Operatoren voransetzt, kann man aus ihr verschiedene Sätze bilden, z. B.:

für beliebige Zahlen x und y: $x > y$;

für eine beliebige Zahl x gibt es eine Zahl y, so daß $x > y$.

Man formuliere alle diese Sätze (es gibt ihrer sechs) und untersuche, welche von ihnen richtig sind.

6. Man führe die Übungsaufgabe 5 für die folgenden Satzfunktionen durch:

$$x + y^2 > 1$$

und

M ist Vater von N

(man nehme dabei an, daß die Variablen „M" und „N" Menschennamen vertreten).

7. Man gebe einen Satz der Umgangssprache an, der mit dem Satz:

für jedes H, wenn H ein Hund ist, so hat H einen guten Geruchsinn

gleichbedeutend ist und der weder Operatoren noch Variablen enthält.

8. Man ersetze den Satz:

Manche Schlangen sind giftig

durch einen gleichbedeutenden, der mit Hilfe von Operatoren und Variablen formuliert ist.

*9. Man unterscheide die freien und gebundenen Variablen in folgenden Satzfunktionen:

a) *x ist durch y teilbar;*
b) *für beliebiges x: $x - y = x + (-y)$;*
c) *es gibt eine Zahl z, so daß $x = z + 3$;*

d) *für beliebige Zahlen x und y: $x + z < y + z$*;

e) *wenn $x < y$, so gibt es eine Zahl z, so daß $x < y$ und $y < z$*;

f) *für eine beliebige Zahl y, wenn $y > 0$, so gibt es eine Zahl z, so daß $x = y \cdot z$*.

*10. Welche Zahlen erfüllen die Satzfunktion:

es gibt eine Zahl y, so daß $x = y^2$

und welche erfüllen die Satzfunktion:

es gibt eine Zahl y, so daß $x \cdot y = 1$?

II. Über den Aussagenkalkül.

6. Die spezifisch mathematischen und die logischen Ausdrücke; mathematische Logik. Die Konstanten, mit denen wir in jeder mathematischen Disziplin zu tun haben, lassen sich in zwei große Gruppen einteilen. Die erste Gruppe besteht aus Ausdrücken von spezifisch mathematischem Charakter. Handelt es sich z. B. um die Arithmetik, so sind es Ausdrücke, die entweder einzelne Zahlen oder ganze Klassen von Zahlen, Beziehungen zwischen Zahlen, Operationen mit Zahlen usw. bezeichnen; es gehören hierher u. a. diejenigen Konstanten, die wir beispielsweise in 1 angegeben haben. In mathematischen Lehrsätzen treten aber auch Ausdrücke von einem viel allgemeineren Charakter auf, und zwar Ausdrücke, denen man auf Schritt und Tritt sowohl in den Überlegungen des täglichen Lebens als auch in allen möglichen Gebieten der Wissenschaft begegnet und die ein unentbehrliches Mittel zur Kundgabe von menschlichen Gedanken und zur Durchführung von Schlüssen in jedem beliebigen Gebiete bilden; es gehören hierher solche Ausdrücke wie z. B. „*nicht*", „*und*", „*oder*", „*ist*", „*jeder*", „*ein gewisser*" u. v. a. Es gibt eine besondere Disziplin, und zwar die *Logik*, die als Basis für alle anderen Wissenschaften betrachtet wird, sich mit der Präzisierung des Inhaltes von solchen Begriffen befaßt und die allgemeinsten Gesetze festlegt, in denen diese Begriffe auftreten.

Schon längst hat sich die Logik zu einer selbständigen Wissenschaft ausgebildet, früher sogar als die Arithmetik und Geometrie. Doch erst in den letzten Zeiten — nach einer langen Periode eines fast völligen Stillstandes — hat diese Disziplin angefangen,

Negation eines Satzes, Konjunktion und Disjunktion von Sätzen. 13

sich intensiv zu entwickeln, sie wurde dabei einer völligen Umgestaltung unterzogen und hat einen den mathematischen Disziplinen ähnlichen Charakter angenommen; in dieser neuen Gestalt wird sie *mathematische* oder *deduktive Logik* genannt, manchmal wird sie auch als *Logistik* bezeichnet. Die neue Logik übertrifft in vieler Hinsicht die alte — nicht nur wegen der Solidität ihrer Grundlagen und der Vollkommenheit der bei ihrem Aufbau angewandten Methoden, sondern vor allem wegen des Reichtums an erforschten Begriffen und an gefundenen Lehrsätzen. Die alte Logik bildet im Grunde genommen nur ein Bruchstück der neuen, ein Bruchstück, das vom Gesichtspunkt der Bedürfnisse anderer Wissenschaften, insbesondere der Mathematik, jeder tieferen Bedeutung entbehrt. So wird sich (mit Rücksicht auf das Ziel, das wir uns hier stellen) in diesem ganzen Buche keine Gelegenheit ergeben, den Stoff zu unseren Überlegungen aus der alten Logik zu schöpfen.[1]

7. Der Aussagenkalkül; die Negation eines Satzes, die Konjunktion und die Disjunktion von Sätzen. Unter den Ausdrücken von logischem Charakter ist eine kleine Gruppe ausgezeichnet, die aus derartigen Ausdrücken wie „*nicht*", „*und*", „*oder*", „*wenn*..., *so*..." besteht. Alle diese Ausdrücke sind uns aus der Umgangssprache wohl bekannt, mit ihrer Hilfe werden aus einfacheren Sätzen zusammengesetzte Sätze gebildet; in der Grammatik zählt man sie zu den sog. satzanknüpfenden (bzw. satz-

---

[1] Die Logik wurde von *Aristoteles*, dem großen griechischen Denker aus dem 4. Jahrhundert v. Chr. Geb. (384—322), geschaffen; seine logischen Schriften wurden in dem Werke *Organon* gesammelt. Als Schöpfer der mathematischen Logik muß der große deutsche Philosoph und Mathematiker des 17. Jahrhunderts *G. W. Leibniz* (1646 bis 1716) angesehen werden. Die logischen Werke von *Leibniz* hatten jedoch keinen größeren Einfluß auf die weitere Entwicklung der logischen Untersuchungen gehabt; es gab eine Periode, in der sie in völlige Vergessenheit gerieten. Eine stetige Entwicklung der mathematischen Logik beginnt erst in der Mitte des 19. Jahrhunderts, und zwar von dem Zeitpunkt an, in dem das logische System des irischen Mathematikers *G. Boole* erschienen ist (1815—1864; Hauptwerk: *An Investigation of the Laws of Thought*, London 1854). Den bisher vollkommensten Ausdruck hat die neue Logik in dem epochemachenden Werke der großen englischen Logiker *B. Russell* und *A. N. Whitehead*: *Principia Mathematica* (Cambridge, 1910—1913; 2. Aufl., ibidem, 1925—1927) gefunden.

verknüpfenden) Bindeworten. Schon aus diesem Grunde stellt die Anwesenheit der erwähnten Ausdrücke keine spezifische Eigenschaft der mathematischen Lehrsätze dar. Die Theorie dieser Ausdrücke bildet den elementarsten und fundamentalsten Teil der Logik und wird *Aussagenkalkül*, auch *Satzkalkül* oder (weniger glücklich) *Theorie der Deduktion* genannt.[1]

Der Inhalt der Begriffe aus dem Gebiete des Aussagenkalküls erweckt im allgemeinen keine Zweifel.

Mit Hilfe des Wortes „*nicht*" bildet man aus jedem Satze seine *Negation* oder *Verneinung*; zwei Sätze, von denen der erste eine Verneinung des zweiten ist, werden *kontradiktorische* oder *sich widersprechende* Sätze genannt. Im Aussagenkalkül stellt man das Wort „*nicht*" vor den ganzen Satz (bzw. dem ganzen Satze nach), in der Umgangssprache dagegen stellt man es gewöhnlich hinter das Prädikat und in jenen Fällen, in denen man dieses Wort an den Anfang des Satzes stellen möchte, ersetzt man es durch die Wendung „*es ist nicht wahr, daß*". So lautet z. B. die Verneinung des Satzes:

1 ist eine positive Zahl

folgendermaßen:

1 ist nicht eine positive Zahl

oder auch:

es ist nicht wahr, daß 1 eine positive Zahl ist.

Wenn wir die Verneinung eines Satzes aussprechen, so drücken wir damit den Gedanken aus, daß dieser Satz falsch ist.

Die Verbindung von zwei oder mehreren Sätzen durch das Wort „*und*" ergibt die sog. *Konjunktion* oder das *logische Produkt* von Sätzen; so ergibt z. B. die Verbindung der Sätze:

2 ist eine positive Zahl

und

$2 < 3$

---

[1] Das historisch erste System des Aussagenkalküls ist in dem Werke *Begriffsschrift* (Halle 1879) des deutschen Logikers *G. Frege* (1848—1925) enthalten, der ohne Zweifel der größte Logiker des 19. Jahrhunderts gewesen ist. Sehr wesentlich hat der hervorragende zeitgenössische polnische Logiker *J. Łukasiewicz* die Entwicklung dieses Teiles der Logik gefördert: er hat dem Aussagenkalkül eine besonders einfache und präzise Form gegeben und hat umfangreiche Untersuchungen, die diesen Kalkül betreffen, angeregt.

die Konjunktion:

2 ist eine positive Zahl und 2 < 3.

Wenn man die Konjunktion irgendwelcher Sätze feststellt, so stellt man hiermit fest, daß alle Sätze, die diese Konjunktion bilden, wahr sind.

Durch die Verbindung der Sätze mittels des Wortes „*oder*" erhält man die *Disjunktion* von Sätzen, die auch *Alternative* oder *logische Summe* genannt wird. Das Wort „oder" besitzt in der Umgangssprache mindestens zwei verschiedene Bedeutungen: in der einen Bedeutung drückt die Disjunktion von zwei Sätzen nur soviel aus, daß mindestens einer dieser Sätze wahr ist, ohne etwas darüber auszusagen, ob beide Sätze zugleich wahr sein können; wenn man dagegen eine Disjunktion in der zweiten Bedeutung ausspricht, so behauptet man, daß einer der Sätze wahr, der zweite dagegen falsch ist. Wenn in einer Buchhandlung eine Ankündigung von folgendem Inhalt zu lesen ist:

Kunden, die Lehrer sind oder auf Hochschulen studieren, bekommen einen Rabatt,

so wird das Wort „*oder*" hier zweifellos in seiner ersten Bedeutung gebraucht, da der Rabatt nicht denjenigen Lehrern entzogen wird, die zugleich auf Hochschulen studieren. Wenn wir dagegen auf die Bitte eines Kindes, man möge es vormittags auf einen Ausflug ins Freie und nachmittags ins Theater mitnehmen, antworten:

nein, wir machen heute einen Ausflug oder wir gehen ins Theater,

so bedienen wir uns des Wortes „*oder*" offensichtlich in seiner zweiten Bedeutung, da wir von den beiden Bitten nur eine einzige zu erfüllen beabsichtigen. In der Logik und Mathematik wird das Wort „*oder*" immer in der ersten der zwei unterschiedenen Bedeutungen gebraucht; so kann man z. B. behaupten:

jede Zahl ist positiv oder kleiner als 3,

obzwar man weiß, daß es Zahlen gibt, die positiv und zugleich kleiner als 3 sind. Um mögliche Mißverständnisse zu vermeiden, wäre es zweckmäßig, für das Wort „*oder*" in der zweiten Bedeutung sowohl in der Umgangssprache als auch in der Wissenschaftssprache lediglich den zusammengesetzten Ausdruck „*entweder* . . ., *oder* . . ." zu gebrauchen.

8. Die Implikation oder der Bedingungssatz; Bildung von konjugierten Sätzen. Zu den logischen Ausdrücken, die in der Mathematik sehr oft gebraucht werden, gehört die Wendung „*wenn* ..., *so* ...". Die mathematischen Sätze, besonders diejenigen von generellem Charakter, haben in überwiegender Anzahl die Form von zusammengesetzten Sätzen, in denen der Nebensatz durch das Wort „*wenn*" und der Hauptsatz durch das Wort „*so*" eingeleitet wird. Ein derartig zusammengesetzter Satz heißt eine *Implikation* oder ein *Bedingungssatz*; der Nebensatz wird *Voraussetzung* oder *Vordersatz*, der Hauptsatz — *Behauptung* oder *Nachsatz* genannt. Wenn man eine Implikation behauptet, so behauptet man damit, es käme nicht vor, daß die Voraussetzung wahr und die Behauptung falsch wäre; wer also eine Implikation als wahr anerkennt und zugleich ihre Voraussetzung anerkennt, muß auch die Behauptung anerkennen. Als Beispiel eines Lehrsatzes der Arithmetik, der die Form einer Implikation hat, führen wir etwa folgenden Satz an:

(1) *wenn x eine positive Zahl ist, so ist $2 \cdot x$ eine positive Zahl*;

die Voraussetzung lautet hier „*x ist eine positive Zahl*" und die Behauptung — „*$2 \cdot x$ ist eine positive Zahl*".

Neben dieser sozusagen klassischen Gestalt der mathematischen Lehrsätze begegnet man manchmal auch anderen Formulierungen, in denen Voraussetzung und Behauptung nicht durch die Wendung „*wenn* ..., *so* ...", sondern auf eine andere Weise verbunden sind. So kann man z. B. den soeben angeführten Lehrsatz in eine der folgenden Formen kleiden, ohne seinen Sinn zu verändern:

aus: x ist eine positive Zahl folgt: $2 \cdot x$ ist eine positive Zahl;

die Voraussetzung: x ist eine positive Zahl hat zur Folge (bzw. impliziert), daß $2 \cdot x$ eine positive Zahl ist;

die Bedingung: x ist eine positive Zahl ist hinreichend dafür, daß $2 \cdot x$ eine positive Zahl ist;

dafür, daß $2 \cdot x$ eine positive Zahl ist, ist es hinreichend, daß x eine positive Zahl ist;

die Bedingung: $2 \cdot x$ ist eine positive Zahl ist notwendig dafür, daß x eine positive Zahl ist;

damit x eine positive Zahl ist, ist es notwendig, daß $2 \cdot x$ eine positive Zahl ist.

Implikation oder Bedingungssatz; konjugierte Sätze. 17

Statt einen Bedingungssatz zu behaupten, kann man im allgemeinen also sagen, daß die Voraussetzung des Satzes seine Behauptung *zur Folge hat* (bzw. *impliziert*) oder daß sie eine *hinreichende Bedingung* für die Behauptung ist; man kann es auch so ausdrücken, daß die Behauptung aus der Voraussetzung *folgt* oder daß sie eine *notwendige Bedingung* für die Voraussetzung ist. Ein Logiker hätte gegen einige der angegebenen Formulierungen manches einzuwenden, in der Mathematik werden sie aber allgemein gebraucht.

Aus jedem Satz, der die Gestalt einer Implikation hat, kann man drei andere Sätze bilden: den *umgekehrten Satz* (die *Umkehrung des Satzes*), den *konträren* und den *kontraponierten Satz*. Man erhält den umgekehrten Satz, wenn man in dem Satze, von dem man ausgeht, die Voraussetzung und die Behauptung umstellt; um den konträren Satz zu gewinnen, ersetzt man in dem Satze, von dem man ausgegangen ist, die Voraussetzung und die Behauptung durch ihre Verneinungen; man erhält endlich den kontraponierten Satz, wenn man die Voraussetzung und die Behauptung in dem konträren Satz umstellt. In Verbindung mit den drei erwähnten Sätzen wird der Satz, von dem wir ausgegangen sind, *Ausgangssatz* genannt. Diese drei erwähnten Sätze zusammen mit dem Ausgangssatze sollen als *konjugierte Sätze* bezeichnet werden. Zur Illustration wollen wir zu dem vorher betrachteten Bedingungssatz (1) zurückkehren und aus ihm die drei übrigen Sätze bilden, d. i. den umgekehrten, den konträren und den kontraponierten Satz:

(2) *wenn $2 \cdot x$ eine positive Zahl ist, so ist x eine positive Zahl*;

(3) *wenn x nicht eine positive Zahl ist, so ist $2 \cdot x$ nicht eine positive Zahl*;

(4) *wenn $2 \cdot x$ nicht eine positive Zahl ist, so ist x nicht eine positive Zahl*.

Aus diesem Beispiel ist leicht zu ersehen, daß der kontraponierte Satz die Umkehrung des konträren Satzes und zugleich der konträre Satz in bezug auf die Umkehrung des Ausgangssatzes ist. Man kann den konträren Satz aus dem umgekehrten in derselben Weise bilden, in der der kontraponierte Satz aus dem Ausgangssatz entstanden ist, d. i. in der Weise, daß man die Voraussetzung und die Behauptung in dem umgekehrten Satze durch ihre Verneinungen ersetzt und sie dann umstellt; man kann also sagen, daß der konträre Satz in bezug auf die Umkehrung des Ausgangssatzes kontraponiert ist. — Es soll bemerkt werden, daß sich in dem angeführten Beispiel alle konjugierten Sätze, die wir aus einem wahren Satze gewonnen hatten, auch als wahr erwiesen haben. Dies ist aber keineswegs eine allgemeingültige Regel; um sich zu überzeugen, daß sowohl der umgekehrte als auch der konträre Satz falsch sein können, obwohl der Ausgangssatz wahr ist, genügt es, als Ausgangssatz den Lehrsatz:

wenn x eine positive Zahl ist, so ist x^2 eine positive Zahl

zu wählen und die mit ihm konjugierten Sätze zu bilden.

9. Die Äquivalenz von Sätzen. Wir wollen noch éinen Ausdruck aus dem Gebiete des Aussagenkalküls betrachten, dem man in der Umgangssprache relativ selten begegnet, nämlich die Wendung: *„dann und nur dann, wenn"*. Wenn man mit Hilfe dieser Wendung zwei beliebige Sätze verbindet, erhält man einen zusammengesetzten Satz, den man eine *Äquivalenz* nennt; der erste der beiden Sätze, die miteinander verknüpft werden, heißt die *linke*, der zweite die *rechte Seite der Äquivalenz*. Wenn man eine Äquivalenz von zwei Sätzen behauptet, so schließt man dadurch die Möglichkeit aus, daß der eine Satz wahr und der andere falsch ist; man behauptet damit, daß die Sätze, die die Seiten einer Äquivalenz bilden, entweder beide wahr oder beide falsch sind. Man kann den Sinn einer Äquivalenz noch in anderer Weise charakterisieren: wie wir schon wissen, kommt es manchmal vor, daß zwei Bedingungssätze, von denen der eine die Umkehrung des anderen ist, zugleich wahr sind; man kann nun die Tatsache der gleichzeitigen Wahrheit dieser beiden Sätze dadurch ausdrücken, daß man die Voraussetzung und die Behauptung irgendeines dieser Sätze mit Hilfe der Worte *„dann und nur dann, wenn"* verbindet. So lassen sich z. B. zwei der oben angeführten Implikationen — der Ausgangssatz (1) und der umgekehrte Satz (2) — durch einen einzigen Satz ersetzen:

x ist eine positive Zahl dann und nur dann, wenn $2 \cdot x$ eine positive Zahl ist

Aufstellung von Definitionen; Regeln des Definierens.

(wobei die beiden Seiten dieser Äquivalenz umgestellt werden können). Es sind übrigens noch einige andere Arten von Formulierungen bekannt, um denselben Gedanken auszudrücken, z. B.:

aus: x ist eine positive Zahl folgt: 2 . x ist eine positive Zahl und umgekehrt;

die Bedingungen: x ist eine positive Zahl und 2 . x ist eine positive Zahl sind einander äquivalent;

die Bedingung: x ist eine positive Zahl ist zugleich notwendig und hinreichend dafür, daß 2 . x eine positive Zahl ist;

damit x eine positive Zahl ist, ist es notwendig und hinreichend, daß 2 . x eine positive Zahl ist.

Im allgemeinen kann man also, statt zwei Sätze durch die Wendung „*dann und nur dann, wenn*" zu verbinden, auch sagen, daß zwischen diesen Sätzen *die Folgebeziehung in beiden Richtungen* besteht oder daß diese Sätze einander *äquivalent* sind oder endlich daß jeder dieser Sätze eine *notwendige und hinreichende Bedingung* für den anderen darstellt.

10. Aufstellung von Definitionen; Regeln des Definierens. Die Wendung „*dann und nur dann, wenn*" wird sehr oft gebraucht beim Aufstellen von *Definitionen*, d. h. von Konventionen, durch die festgelegt wird, welchen Sinn man mit einem Ausdruck verbinden will, der bisher in der gegebenen Disziplin nicht vorgekommen ist und der nicht unmittelbar verständlich zu sein scheint. Man stelle sich z. B. vor, daß bisher in der Arithmetik das Symbol „$<$" nicht verwendet wurde und daß man jetzt dieses Zeichen in die Überlegungen einführen will (wobei man es, wie üblich, als Abkürzung des Ausdrucks „*ist nicht größer als*", bzw. „*ist kleiner oder gleich*" betrachtet). In diesem Falle muß man zuerst das erwähnte Symbol definieren, d. h. seine Bedeutung genau mit Hilfe von Ausdrücken erklären, die uns schon bekannt sind und deren Sinn keinen Zweifel aufkommen läßt; zu diesem Zwecke stellen wir folgende Definition auf, wobei vorausgesetzt wird, daß zu den schon bekannten Zeichen u. a. das Zeichen „$>$" gehört:

Wir wollen sagen, daß $x < y$, dann und nur dann, wenn es nicht wahr ist, daß $x > y$.

Die eben formulierte Definition stellt die Äquivalenz der beiden Satzfunktionen:

$$x < y$$

und

es ist nicht wahr, daß $x > y$

fest; man kann also sagen, daß sie die Umformung der Formel „$x < y$" in einen ihr äquivalenten Ausdruck erlaubt, der das Symbol „$<$" nicht mehr enthält und in lauter für uns verständlichen Ausdrücken formuliert ist. Dasselbe kann man von jeder Formel sagen, die man aus „$x < y$" gewinnt, wenn man an die Stelle von „x" und „y" beliebige Zeichen und Ausdrücke einsetzt, die Zahlen bezeichnen. So ist z. B. die Formel:

$$3 + 2 < 5$$

dem Satze:

es ist nicht wahr, daß $3 + 2 > 5$

äquivalent; da dieser Satz ein wahres Urteil ausdrückt, so ist auch die betrachtete Formel wahr. Ähnlicherweise ist die Formel:

$$4 < 2 + 1$$

dem Satze:

es ist nicht wahr, daß $4 > 2 + 1$

äquivalent, und zwar sind sie beide falsch. Diese Bemerkung läßt sich auch auf zusammengesetztere Sätze und Satzfunktionen anwenden; wenn man z. B. den Satz:

wenn $x < y$ und $y < z$, so $x < z$

umformt, so erhält man:

wenn es nicht wahr ist, daß $x > y$, und es nicht wahr ist, daß $y > z$, so ist es nicht wahr, daß $x > z$.

Kurz gesagt, man ist dank der angegebenen Definition imstande, jeden einfachen oder zusammengesetzten Satz, der das Zeichen „$<$" enthält, in einen mit ihm äquivalenten Satz umzuformen, der dieses Zeichen nicht mehr enthält, — ihn sozusagen in eine Sprache zu übersetzen, in der das Zeichen „$<$" nicht auftritt. Darin besteht eben die Rolle, die die Definitionen in den mathematischen Disziplinen spielen.

Aufstellung von Definitionen; Regeln des Definierens. 21

Wenn eine Definition die ihr eigentümliche Aufgabe gut erfüllen soll, so müssen bei ihrer Aufstellung gewisse Vorsichtsmaßregeln beachtet werden. Auf dem Boden der Logik lernt man besondere Regeln kennen, die sog. *Regeln des Definierens*, die darüber belehren, wie Definitionen korrekt konstruiert werden sollen. Da wir auf eine genaue Formulierung jener Regeln verzichten wollen, soll hier nur bemerkt werden, daß auf Grund der Regeln des Definierens jede Definition die Gestalt einer Äquivalenz annehmen kann; die linke Seite dieser Äquivalenz, *Definiendum* genannt, soll eine kurze, grammatisch einfache Satzfunktion sein, die die zu definierende Konstante enthält; die rechte Seite, das sog. *Definiens*, kann eine Satzfunktion von beliebiger Struktur sein, die aber nur solche Konstanten enthält, deren Sinn entweder unmittelbar verständlich ist oder schon vorher erklärt wurde. Insbesondere darf in dem Definiens weder die zu definierende Konstante auftreten noch irgendein Ausdruck, der mit ihrer Hilfe vorher definiert wurde; sonst ist die Definition nicht korrekt, sie enthält einen Fehler, den man als einen *Zirkel in der Definition* bezeichnet (man spricht auch von einem *Zirkel in dem Beweise*, und zwar dann, wenn man sich beim Begründen eines Satzes entweder auf den zu beweisenden Satz selbst stützt oder auf irgendeinen Satz, der vorher mit seiner Hilfe bewiesen wurde). Um den konventionellen Charakter einer Definition hervorzuheben und sie von Lehrsätzen zu unterscheiden, die die Gestalt einer Äquivalenz haben, jedoch keine Definitionen sind, schickt man ihr oft die Worte voraus: „*Wir wollen sagen, daß*". Man kann leicht feststellen, daß die oben angegebene Definition des Zeichens „<" alle diese Bedingungen erfüllt; das in ihr vorkommende Definiendum lautet:

$$x < y,$$

das Definiens dagegen:

es ist nicht wahr, daß $x > y$.

Es ist zu bemerken, daß sich die Mathematiker beim Aufstellen von Definitionen statt der Wendung „*dann und nur dann, wenn*" lieber der Worte „*wenn*" oder „*falls*" bedienen; würden sie z. B. die Definition des Zeichens „<" aufstellen, so würden sie ihr vermutlich folgende Gestalt geben:

Wir wollen sagen, daß $x < y$, falls es nicht wahr ist, daß $x > y$.

Scheinbar stellt eine solche Definition nur fest, daß das Definiendum aus dem Definiens folgt, hebt aber nicht hervor, daß die Folgebeziehung auch in umgekehrter Richtung besteht, sagt also nicht, daß das Definiendum und das Definiens einander äquivalent sind. Im Grunde genommen wird hier eine stillschweigende Vereinbarung getroffen, der zufolge das Wort „*falls*", welches das Definiendum und das Definiens verbindet, dasselbe bedeutet wie in anderen Fällen die Wendung „*dann und nur dann, wenn*".

Auf diese Weise haben wir die wichtigsten Ausdrücke aus dem Gebiete des Aussagenkalküls besprochen. Es soll bemerkt werden, daß alle diese Ausdrücke im Aussagenkalkül durch besondere Symbole ersetzt werden; hier würde jedoch die Einführung solcher Symbole keinen wesentlichen Vorteil bringen.

11. Lehrsätze des Aussagenkalküls. Es soll nun versucht werden, den Charakter der Lehrsätze aus dem Gebiete des Aussagenkalküls und ihre Rolle beim Aufbau der Mathematik klarzumachen.

Betrachten wir folgenden Satz:

wenn 1 eine positive Zahl ist und $1 < 2$, so ist 1 eine positive Zahl.

Der Satz ist zweifellos wahr, es kommen in ihm ausschließlich Konstanten vor, die in das Gebiet der Logik und Arithmetik gehören, trotzdem würde es aber niemandem einfallen, diesen Satz als einen besonderen Lehrsatz in ein Lehrbuch der Mathematik aufzunehmen. Wenn man überlegt, welchen Umständen dies zuzuschreiben ist, kommt man zum Schluß, daß dieser Satz vom Standpunkt der Arithmetik völlig uninteressant ist: er bereichert keineswegs das Wissen von Zahlen, seine Wahrheit hängt überhaupt nicht ab vom Inhalt der in ihm vorkommenden arithmetischen Begriffe, sondern bloß vom Sinne der Worte „*und*", „*wenn*", „*so*". Um sich davon zu überzeugen, ersetzen wir in dem betrachteten Satze die Wendungen:

1 *ist eine positive Zahl*

und

$$1 < 2$$

durch irgendwelche anderen Sätze aus einem beliebigen Gebiete; wir erhalten dann eine Reihe von Sätzen, die ebenso wie der ursprüngliche Satz wahr sind, z. B.:

wenn eine Figur ein Rhombus ist und dieselbe Figur ein Rechteck ist, so ist diese Figur ein Rhombus;

wenn es heute Sonntag ist und die Sonne scheint, so ist es heute Sonntag.

Um diese Tatsache in allgemeiner Form auszudrücken, wollen wir die Variablen „p" und „q" einführen und die Vereinbarung treffen, daß diese Zeichen nicht Bezeichnungen von Zahlen oder anderen Dingen sind, sondern ganze Sätze vertreten. Wir wollen ferner in dem betrachteten Satze die Wendung:

1 *ist eine positive Zahl*

durch „p" und die Formel:

$$1 < 2$$

durch „q" ersetzen; wir erhalten auf diese Weise die Satzfunktion:

wenn p und q, so p.

Diese Satzfunktion hat die Eigenschaft, daß man aus ihr lauter wahre Sätze erhält, wenn man an Stelle von „p" und „q" beliebige Sätze einsetzt. Man kann diese Beobachtung in die Form des folgenden Lehrsatzes kleiden:

Für beliebige p und q, wenn p und q, so p

(in Übereinstimmung mit dem in 3 besprochenen Gebrauch kann hierbei der Alloperator „Für beliebige p und q" weggelassen werden). Dieser Lehrsatz gehört zu dem Aussagenkalkül und wird *Simplifikationssatz der logischen Multiplikation* genannt. Der Satz, den wir vorher betrachtet haben, war nur ein Spezialfall des angegebenen Lehrsatzes — ebenso wie z. B. die Formel:

$$2 \cdot 3 = 3 \cdot 2$$

ein Spezialfall des generellen Satzes der Arithmetik:

Für beliebige Zahlen x und y : x . y = y . x

ist.

Auf ähnliche Weise kann man zu anderen Lehrsätzen des Aussagenkalküls gelangen, z. B. zu den Sätzen:

Wenn p, so p.

Wenn p oder q, so q oder p.

Wenn q aus p und r aus q folgt, so folgt r aus p.

Der erste von den soeben angeführten Lehrsätzen heißt *Satz der Identität*, der zweite wird *kommutatives Gesetz der logischen Addition* und der dritte *Satz des hypothetischen Syllogismus* genannt. So wie die Lehrsätze der Arithmetik von generellem Charakter die Eigenschaften von beliebigen Zahlen feststellen, so besagen die Lehrsätze des Aussagenkalküls sozusagen etwas über die Eigenschaften beliebiger Sätze. In diesen Lehrsätzen kommen nur Variablen von einer einzigen Art vor, nämlich die sog. *Satzvariablen*, die ganze Sätze vertreten; dieser Umstand ist für den Aussagenkalkül charakteristisch und ist bestimmend für seine große Allgemeinheit und für die Weite seines Anwendungsbereiches.

12. Anwendung von Lehrsätzen des Aussagenkalküls in mathematischen Beweisen. Fast in allen mathematischen Überlegungen stützt man sich — bewußt oder unbewußt — auf Lehrsätze des Aussagenkalküls; es soll versucht werden, an Hand eines Beispiels zu zeigen, wie man dabei vorgeht.

Wir haben schon früher gesehen (in 8), daß aus der Richtigkeit einer Implikation nichts Bestimmtes über die Richtigkeit des umgekehrten oder des konträren Satzes gefolgert werden kann. Ganz anders verhält es sich mit dem vierten konjugierten Satze: so oft eine Implikation wahr ist, ist auch der ihr entsprechende kontraponierte Satz wahr. Diese Tatsache läßt sich an zahllosen Beispielen verifizieren und findet in einem allgemeinen logischen Lehrsatz des Aussagenkalküls, nämlich in dem sog. *Satz der Transposition* oder *Kontraposition*, ihren Ausdruck.

Um den erwähnten Lehrsatz präzis zu formulieren, wollen wir bemerken, daß man einer beliebigen Implikation die schematische Form:

wenn p, so q

geben kann; der umgekehrte Satz wird dann die Gestalt:

wenn q, so p

annehmen, der konträre Satz wird lauten:

wenn nicht p, so nicht q

und der kontraponierte Satz:

wenn nicht q, so nicht p.

Anwendung des Aussagenkalküls in mathematischen Beweisen. 25

Der Satz der Kontraposition, nach dem ein beliebiger Bedingungssatz stets den entsprechenden kontraponierten Satz zur Folge hat, läßt sich folgendermaßen formulieren:

Wenn (wenn p, so q), so (wenn nicht q, so nicht p);

um die Anhäufung der Worte „wenn" zu vermeiden, empfiehlt es sich, diese Formulierung einer leichten Modifikation zu unterwerfen:

(I) *Gilt: wenn p, so q, so gilt auch: wenn nicht q, so nicht p.*

Betrachten wir ferner irgendeinen arithmetischen Lehrsatz, der die Gestalt einer Implikation hat, z. B. den Satz, der in 8 angegeben wurde:

(II) *Wenn x eine positive Zahl ist, so ist $2 \cdot x$ eine positive Zahl.*

Es soll gezeigt werden, wie auf Grund dieser zwei Sätze der zu (II) kontraponierte Satz bewiesen werden kann.

Der Satz (I) bezieht sich auf beliebige Sätze „p" und „q", wird also auch noch dann gültig bleiben, wenn man an Stelle von „p" den Ausdruck:

x *ist eine positive Zahl*

und an Stelle von „q" den Ausdruck:

$2 \cdot x$ *ist eine positive Zahl*

einsetzt. Wenn man dabei aus stilistischen Gründen die Stellung des Wortes „nicht" ändert, so bekommt man:

(III) *Gilt: wenn x eine positive Zahl ist, so ist $2 \cdot x$ eine positive Zahl, so gilt auch: wenn $2 \cdot x$ nicht eine positive Zahl ist, so ist x nicht eine positive Zahl.*

Vergleichen wir (II) und (III) untereinander: (III) hat die Gestalt einer Implikation und (II) ist ihre Voraussetzung. Da die ganze Implikation und zugleich ihre Voraussetzung als wahr anerkannt wurden, so muß man auch die Behauptung der Implikation als wahr anerkennen; und diese Behauptung ist eben der kontraponierte Satz, um den es sich handelte:

(IV) *Wenn $2 \cdot x$ nicht eine positive Zahl ist, so ist x nicht eine positive Zahl.*

Auf diese Weise kann jeder, der den Satz der Kontraposition kennt, den kontraponierten Satz als bewiesen anerkennen, sofern er nur vorher den Ausgangssatz bewiesen hat; ebenso darf er, nachdem er die Umkehrung des Ausgangssatzes bewiesen hat, den konträren Satz anerkennen (da — wie in 8 erwähnt — der konträre Satz zu der Umkehrung des Ausgangssatzes kontraponiert ist). Wenn es also gelungen ist, zwei Sätze — den Ausgangssatz und den umgekehrten Satz — zu beweisen, so ist ein besonderer Beweis für die zwei restlichen konjugierten Sätze überflüssig.

Es soll bemerkt werden, daß mehrere Abarten des Satzes der Kontraposition bekannt sind; eine von ihnen ist der umgekehrte Satz von (I):

Gilt: wenn nicht q, so nicht p, so gilt auch: wenn p, so q.

Dieser Lehrsatz ermöglicht es, aus dem kontraponierten Satze den Ausgangssatz und aus dem konträren Satz den umgekehrten Satz abzuleiten.

13. Regeln des Beweisens, vollständige Beweise. Jetzt soll etwas näher der Mechanismus des Beweises selbst betrachtet werden, mit dessen Hilfe in dem vorangehenden Paragraphen der Satz (IV) begründet wurde. Neben den Regeln des Definierens, von denen schon die Rede war, gibt es *Regeln des Beweisens* (auch *Schlußregeln* genannt), die einen verwandten Charakter aufweisen. Diese Regeln dürfen nicht mit den logischen Lehrsätzen verwechselt werden: es sind Vorschriften, die uns belehren, wie man Sätze, die schon als wahr anerkannt wurden, umformen soll, um neue wahre Sätze zu gewinnen. In dem vorher durchgeführten Beweise haben zwei Regeln des Beweisens ihre Anwendung gefunden: die *Einsetzungs-* und die *Abtrennungsregel*.

Die Einsetzungsregel besagt folgendes: wenn irgendein Satz von generellem Charakter, der schon als wahr anerkannt wurde, Satzvariablen enthält und wenn man diese Variablen durch andere Satzvariablen oder durch Satzfunktionen oder endlich durch Sätze ersetzt — wobei an Stelle von gleichen Variablen überall gleiche Ausdrücke eingesetzt werden —, so darf man den auf diese Weise gewonnenen Satz als wahr anerkennen. Durch die Anwendung eben dieser Regel hat man aus dem Satz (I) den Satz (III) bekommen. Es ist zu betonen, daß sich die Einsetzungsregel auch auf andere Arten von Variablen anwenden läßt, so z. B. auf die Variablen „x", „y" ..., die Zahlen bezeichnen: man darf an Stelle jener Variablen beliebige Zeichen und Ausdrücke, die Zahlen bezeichnen, einsetzen.

* Die hier angegebene Formulierung der Einsetzungsregel ist nicht ganz präzis. Diese Regel bezieht sich auf solche Sätze, die aus einem Alloperator und einer Satzfunktion bestehen, wobei diese Satzfunktion bestimmte Variablen enthält, die durch den Alloperator gebunden sind (vgl. 4). Wenn man die Einsetzungsregel anwenden will, läßt man den Operator weg und setzt an Stelle von Variablen, die durch den Operator gebunden sind, andere Variablen oder ganze Ausdrücke ein (so z. B. an Stelle der Variablen „p", „q", „r" ... Satzfunktionen oder Sätze, an Stelle der Variablen „x", „y", „z" ... aber Ausdrücke, die Zahlen bezeichnen); wenn in der Satzfunktion noch andere (und zwar gebundene) Variablen vorkommen, so werden sie ungeändert gelassen, und man sorgt dafür, daß in den Ausdrücken, die eingesetzt werden, keine Variablen von der gleichen Gestalt vorkommen; im Notfalle stellt man dem auf diese Weise erhaltenen Ausdruck den Alloperator voran, um aus ihm einen Satz zu bilden. Wenn man z. B. die Einsetzungsregel auf den Satz:

für eine beliebige Zahl x gibt es eine Zahl y, so daß $x + y = 5$

anwendet, kann man den Satz gewinnen:

es gibt eine Zahl y, so daß $3 + y = 5$

oder auch:

für eine beliebige Zahl z gibt es eine Zahl y, so daß $z^2 + y = 5$;

man setzt also in diesem Falle nur in „x" ein und läßt „y" ungeändert. *

Die Abtrennungsregel besagt, daß, wenn man zwei Sätze als wahr anerkennt, von denen der eine die Form einer Implikation hat und der andere die Voraussetzung dieser Implikation ist, so darf man auch den Satz als wahr anerkennen, der die Behauptung der Implikation ist (indem man sozusagen von der Implikation ihre Voraussetzung „abtrennt"). Mit Hilfe dieser Regel wurde Satz (IV) aus Sätzen (III) und (II) abgeleitet.

Daraus ist zu ersehen, daß in dem oben durchgeführten Beweis des Satzes (IV) jeder Schritt darin bestand, eine Regel des Beweisens auf Sätze anzuwenden, die schon früher als wahr anerkannt wurden; ein solcher Beweis wird *vollständig* genannt. Etwas genauer könnte man den vollständigen Beweis auf folgende Weise charakterisieren: man baut eine ganze Kette von Sätzen auf, deren erste Glieder Sätze sind, die schon früher als wahr anerkannt wurden, jedes folgende Glied aus den ihm vorausgehenden durch Anwendung einer Regel des Beweisens gewonnen werden kann und schließlich das letzte Glied der zu beweisende Satz ist.

Es soll darauf geachtet werden, was für äußerst elementare Form — vom psychologischen Gesichtspunkt aus — die mathematischen Überlegungen annehmen, dank der Kenntnis und Anwendung der Lehrsätze der Logik und der Regeln des Beweisens: komplizierte Denkvorgänge lassen sich restlos auf so einfache Tätigkeiten zurückführen wie auf aufmerksames Betrachten von Lehrsätzen, die schon vorher als wahr anerkannt wurden, auf das Wahrnehmen von strukturellen, rein äußerlichen Zusammenhängen zwischen diesen Lehrsätzen und auf das Ausführen von mechanischen Umformungen, die die Regeln des Beweisens vorschreiben. Es ist klar, daß bei einer derartigen Verfahrungsweise die Möglichkeit, im Beweise einen Fehler zu begehen, äußerst gering wird.

Übungsaufgaben.

1. Man gebe Beispiele von spezifisch mathematischen Ausdrücken aus dem Gebiete der Arithmetik oder der Geometrie an.

2. Man unterscheide in folgenden zwei Sätzen die spezifisch mathematischen Ausdrücke von denen, die dem Gebiete der Logik angehören:

a) *für beliebige Zahlen x und y, wenn $x > 0$ und $y < 0$, so gibt es eine Zahl z, so daß $z < 0$ und $x = y \cdot z$;*

b) *für beliebige Punkte A und B gibt es einen Punkt C, der zwischen A und B liegt und von A und B gleich entfernt ist.*

3. Man bilde die Konjunktion von Negationen folgender Satzfunktionen:

$$x < 3$$

und

$$x > 3.$$

Was für eine Zahl erfüllt diese Konjunktion?

4. Man untersuche, in welcher der zwei angegebenen Bedeutungen das Wort „oder" in folgenden Sätzen vorkommt:

a) *er konnte zwei Wege wählen: das Vaterland verraten oder sterben;*

b) *wenn ich viel Geld verdiene oder auf der Lotterie gewinne, so will ich eine lange Reise unternehmen.*

Man gebe noch andere Beispiele an, in denen das Wort „oder" in seiner ersten, bzw. zweiten Bedeutung verwendet wird.

5. Man gebe folgenden Lehrsätzen die Gestalt gewöhnlicher Bedingungssätze:

a) *damit ein Dreieck gleichseitig ist, ist es ausreichend, daß alle Winkel des Dreiecks kongruent sind;*

b) *die Bedingung: x ist durch 3 teilbar ist notwendig dafür, daß x durch 6 teilbar ist.*

Man gebe noch andere gleichbedeutende Formulierungen der beiden angeführten Sätze an.

6. Ist die Bedingung:
$$x \cdot y > 4$$
hinreichend oder notwendig dafür, daß
$$x > 2 \text{ und } y > 2$$
gilt?

7. Man gebe für jeden der folgenden Sätze die entsprechenden drei konjugierten Sätze an (den umgekehrten, den konträren und den kontraponierten Satz):

a) *daraus, daß x eine positive Zahl ist, folgt, daß — x eine negative Zahl ist;*

b) *wenn ein Viereck ein Rechteck ist, so kann man diesem Viereck einen Kreis umschreiben.*

Welche von den konjugierten Sätzen sind wahr?

8. Man gebe ein Beispiel von vier konjugierten Sätzen an, die alle falsch sind.

9. Man gebe gleichbedeutende Formulierungen für folgende Sätze an:

a) *x ist durch 10 dann und nur dann teilbar, wenn x zugleich durch 2 und durch 5 teilbar ist;*

b) *damit ein Viereck ein Parallelogramm ist, ist es notwendig und hinreichend, daß der Schnittpunkt der Diagonalen des Vierecks zugleich der Mittelpunkt jeder dieser Diagonalen ist.*

Man gebe weitere Beispiele von Lehrsätzen aus dem Gebiete der Arithmetik oder der Geometrie an, die die Form von Äquivalenzen haben.

10. Welche von den folgenden Sätzen sind wahr:

a) *ein Dreieck ist gleichschenklig dann und nur dann, wenn alle Höhen des Dreiecks kongruent sind;*

b) *die Bedingung: $x \neq 0$ ist notwendig und hinreichend dafür, daß x^2 eine positive Zahl ist;*

c) *daraus, daß ein Viereck ein Quadrat ist, folgt, daß alle Winke des Vierecks rechte Winkel sind, und umgekehrt;*

d) *damit x durch 8 teilbar ist, ist es notwendig und hinreichend, daß x zugleich durch 4 und durch 2 teilbar ist?*

11. Setzen wir voraus, daß uns die Termini „*natürliche Zahl*" und „*Produkt*" (bzw. „*Quotient*") bereits bekannt sind; man konstruiere die Definition des Ausdrucks „*teilbar*", und zwar gebe man ihr die Form einer Äquivalenz:

Wir wollen sagen, daß x durch y teilbar ist, dann und nur dann, wenn ...

Man formuliere in analoger Weise die Definition des Ausdrucks „*Parallele*"; welche Termini (aus dem Gebiet der Geometrie) werden dabei als bekannt vorausgesetzt?

12. Man untersuche, ob folgende Sätze wahr, also ob sie Lehrsätze des Aussagenkalküls sind:

a) *für beliebige p und q, wenn p und q, so q und p;*

b) *für beliebige p und q, wenn q aus p folgt, so folgt auch p aus q.*

13. Man betrachte zwei folgende Lehrsätze der Arithmetik:

daraus, daß $x-y$ eine positive Zahl ist, folgt, daß $x > y$;

daraus, daß $x > y$, folgt, daß $x+z > y+z$.

Welchen Satz kann man auf Grund des hypothetischen Syllogismus (vgl. 11) aus den obigen Lehrsätzen ableiten?

*14. Man führe den vollständigen Beweis des in der vorherigen Übungsaufgabe gewonnenen Satzes durch; man stütze sich dabei auf die dort genannten Lehrsätze und wende — neben der Einsetzungs- und Abtrennungsregel — noch folgende Schlußregel an: wenn man irgendwelche zwei Sätze als wahr anerkannt hat, so darf man auch die Konjunktion dieser Sätze als wahr anerkennen.

III. Über die Theorie der Identität.

14. Logische Begriffe außerhalb des Aussagenkalküls; Begriff der Identität. Der Aussagenkalkül, dem das vorige Kapitel gewidmet war, bildet nur einen Teil der Logik. Er ist zweifellos der am meisten fundamentale Teil — mindestens in dem Sinne, daß man sich beim Definieren von Begriffen und beim Formulieren und Begründen von logischen Lehrsätzen, die nicht zum Aussagenkalkül gehören, bereits der Begriffe und Lehrsätze dieses Kalküls bedient. An und für sich bildet aber der Aussagenkalkül keine hinreichende Basis für die Grundlegung der Mathematik: in mathematischen Definitionen, Lehrsätzen und Beweisen begegnet man unaufhörlich verschiedenen Begriffen aus anderen Teilen der Logik. Manche von ihnen sollen in diesem und in den folgenden zwei Kapiteln besprochen werden.

Der für die Mathematik wichtigste logische Begriff, der zum Aussagenkalkül nicht gehört, ist wohl der *Begriff der Identität*. Er kommt in solchen Wendungen vor wie:

$$x \text{ ist mit } y \text{ identisch,}$$

$$x \text{ ist dasselbe wie } y,$$

$$x \text{ ist gleich } y.$$

Allen diesen drei Wendungen wird derselbe Sinn zugeschrieben; sie sollen — der Kürze wegen — durch den symbolischen Ausdruck ersetzt werden:

$$x = y.$$

Anstatt zu schreiben:

x ist mit y nicht identisch (x ist von y verschieden)

benützen wir die Formel:

$$x \neq y.$$

Obgleich der Sinn der Formel:

$$x = y$$

evident zu sein scheint, wird diese Formel manchmal mißverstanden: wenn man behauptet, daß $x = y$, stellt man zugleich fest, daß die Symbole „x" und „y" Bezeichnungen eines und desselben Dinges sind, drückt aber keineswegs den Gedanken aus, daß die Zeichen „x" und „y" selbst identisch sind; es ist ja bekannt, daß ein und dasselbe Ding viele verschiedene Bezeichnungen haben kann. So z. B. bezeichnen die Symbole „1,5" und „$\frac{3}{2}$" eine und dieselbe Zahl, die Formel:

$$1{,}5 = \frac{3}{2}$$

ist zweifellos richtig, trotzdem sind aber die Symbole „1,5" und „$\frac{3}{2}$" offensichtlich voneinander verschieden. Das Verwechseln des Dinges mit seiner Bezeichnung kann sowohl in diesem als auch in anderen Fällen zu wichtigen Fehlern und Mißverständnissen führen.

15. Wichtigste Lehrsätze aus der Theorie der Identität. Unter den logischen Lehrsätzen, die den Identitätsbegriff betreffen, drängt sich in den Vordergrund folgender Satz, der zum erstenmal durch *Leibniz*[1] aufgestellt wurde und der deshalb als *Satz von Leibniz* bezeichnet werden kann:

Lehrsatz I. *$x = y$ dann und nur dann, wenn alles, was man über das Ding x sagen kann, auch über das Ding y gesagt werden kann.*

Es sind noch andere, korrektere, obgleich weniger durchsichtige Formulierungen desselben Satzes bekannt, und zwar z. B.:

$x = y$ dann und nur dann, wenn jede Satzfunktion, die durch das Ding x erfüllt wird, auch durch das Ding y erfüllt wird;

$x = y$ dann und nur dann, wenn jede Eigenschaft, die dem Dinge x zukommt, auch dem Dinge y zukommt.

---

[1] Vgl. S. 13, Anm. [1].

Der Satz von *Leibniz* ist der Fundamentalsatz der sog. *Theorie der Identität*; man kann ihn als Definition des Zeichens „$=$" betrachten, da er die Formel:

$$x = y$$

durch eine ihr äquivalente Wendung, die das Gleichheitszeichen nicht mehr enthält, zu ersetzen gestattet. Aus diesem Satz ergibt sich folgende Regel, die von großer praktischer Bedeutung ist: wenn in irgendeiner Überlegung angenommen oder bewiesen wurde, daß $x = y$, so darf man in jeder Formel und in jedem Satz, die in dieser Überlegung vorkommen und das Zeichen „x" enthalten, dieses Zeichen durch „y" ersetzen (wenn dabei das Zeichen „x" in einer Formel an mehreren Stellen auftritt, so darf man es an manchen Stellen unverändert lassen und an anderen durch „y" ersetzen; darin besteht ein wesentlicher Unterschied zwischen der jetzt betrachteten Regel und der Einsetzungsregel, von der in 13 die Rede war und die eine derartige teilweise Ersetzung eines Zeichens durch ein anderes Zeichen nicht erlaubt).

Aus dem Satze von *Leibniz* kann man eine Reihe von anderen Lehrsätzen ableiten, die zur Theorie der Identität gehören und in mathematischen Beweisen oft verwendet werden. Es sollen hier die wichtigsten von diesen Sätzen angeführt und zugleich ihre Beweise skizziert werden, um an Hand konkreter Beispiele zu zeigen, daß kein wesentlicher Unterschied zwischen den Überlegungen aus dem Gebiete der Logik und denen aus dem Gebiete der Mathematik besteht.

Lehrsatz II. *Jedes Ding ist sich selbst gleich:* $x = x$.

Beweis. Man setze in den Satz von *Leibniz* „x" an Stelle von „y" ein; man bekommt:

$x = x$ *dann und nur dann, wenn alles, was man über das Ding x sagen kann, auch über das Ding x gesagt werden kann.*

Die rechte Seite der obigen Äquivalenz ist offenbar stets erfüllt: alles, was über x gesagt werden kann, kann über x gesagt werden (es folgt ja schon aus dem in 11 angegebenen Satz der Identität). Es muß also auch die linke Seite der Äquivalenz erfüllt sein; mit anderen Worten: es gilt stets $x = x$, worum es sich eben handelte.

Lehrsatz III. *Wenn $x = y$, so $y = x$.*

Beweis. Ist, wie vorausgesetzt, $x = y$, so darf nach Lehrsatz I alles, was von x gesagt werden kann, auch von y gesagt werden. Anderseits kann man — auf Grund des soeben bewiesenen Lehrsatzes II — vom Dinge x behaupten, daß es gleich x ist; man kann also auch vom Dinge y behaupten, daß es gleich x ist. Mit anderen Worten: da $x = y$, so darf man in der aus dem Lehrsatz II sich ergebenden Formel:

$$x = x$$

das Zeichen „x" an der ersten Stelle durch „y" ersetzen (ohne es an der zweiten Stelle zu verändern). Auf diese Weise gewinnt man die gewünschte Formel:

$$y = x.$$

Lehrsatz IV. *Ist $x = y$ und $y = z$, so gilt $x = z$.*

Beweis. Es wird die Gültigkeit der beiden Formeln:

$$x = y \qquad (1)$$

und

$$y = z \qquad (2)$$

vorausgesetzt. Der Formel (2) zufolge darf man überall — also auch in der Formel (1) — den Buchstaben „y" durch „z" ersetzen. Man bekommt hiermit:

$$x = z,$$

was eben zu beweisen war.

Lehrsatz V. *Ist $x = z$ und $y = z$, so gilt $x = y$; mit anderen Worten: zwei Dinge, die einem dritten gleich sind, sind auch untereinander gleich.*

Beweis. Es wird die Gültigkeit der beiden Formeln:

$$x = z \qquad (1)$$

und

$$y = z \qquad (2)$$

vorausgesetzt. Aus (2) erhält man, gemäß dem Lehrsatz III:

$$z = y. \qquad (3)$$

Gemäß dem Lehrsatz IV, in dem man „y" durch „z" und „z"

durch „y" ersetzt, bekommt man aus den Formeln (1) und (3) sofort die Formel:
$$x = y,$$
also diejenige Formel, um die es sich handelte.

16. Die Gleichheit in der Arithmetik und in der Geometrie und ihre Beziehung zu der logischen Identität. Wir betrachten hier konsequenterweise die arithmetische Gleichheit zwischen den Zahlen als einen Spezialfall des allgemeinen Begriffs der logischen Identität; das ergibt sich bereits klar aus den Bemerkungen, die zum Schluß von 14 angegeben wurden. Es muß jedoch bemerkt werden, daß manche Mathematiker — entgegen dem hier vertretenen Standpunkt — das gewöhnlich in der Arithmetik vorkommende Zeichen „$=$" nicht mit dem Symbol der logischen Identität identifizieren, gleiche Zahlen nicht als identisch ansehen und die Gleichheit zwischen den Zahlen als einen spezifischen Begriff der Arithmetik betrachten. Im Zusammenhang damit lehnen diese Mathematiker den Satz von *Leibniz* in seiner allgemeinen Form ab, anerkennen aber verschiedene Folgerungen, die sich aus diesem Satz ergeben und einen weniger allgemeinen Charakter haben, und zählen sie zu den spezifischen arithmetischen Lehrsätzen; solche Folgerungen sind z. B. die Lehrsätze II bis V sowie Sätze, die feststellen, daß immer, wenn $x = y$ und x eine bestimmte, ausschließlich mit Hilfe von arithmetischen Zeichen aufgebaute Formel erfüllt, dann auch y dieselbe Formel erfüllt, also z. B. der Satz:

wenn $x = y$ und $x < z$, so $y < z$.

Unserer Meinung nach zeichnet sich dieser Standpunkt in theoretischer Hinsicht durch keine besonderen Vorzüge aus und verursacht in der Praxis große Komplikationen in der Darstellung der Arithmetik: man verwirft ja die allgemeine Regel, die gestattet — unter der Voraussetzung, daß $x = y$, — in jeder Formel „x" durch „y" zu ersetzen, und da eine derartige Umformung in vielen Überlegungen unentbehrlich ist, so muß man in jedem Falle, in dem sie angewandt wird, nachweisen, daß diese Umformung in dem betrachteten konkreten Fall erlaubt ist.

Um dies an einem Beispiel zu veranschaulichen, betrachten

wir irgendein System von Gleichungen mit zwei Variablen, z. B.:

$$x = y^2,$$
$$x^2 + y^2 = 2.\, x - 3.\, y + 18.$$

Wenn man dieses System von Gleichungen mit Hilfe der sog. Einsetzungsmethode lösen will, bildet man ein neues System von Gleichungen, und zwar läßt man die erste Gleichung unverändert, in der zweiten aber ersetzt man „x" überall durch „y^2". Es frägt sich, ob eine solche Umformung erlaubt ist, ob das neue System dem ursprünglichen äquivalent ist. Die Antwort ist zweifellos bejahend, unabhängig davon, wie man den Begriff der Gleichheit zwischen den Zahlen handhabt. Wenn man aber das Zeichen „$=$" als Symbol der logischen Identität ansieht und den Satz von *Leibniz* annimmt, so ist diese Antwort evident: da

$$x = y^2,$$

so ist es erlaubt, „x" überall durch „y^2" zu ersetzen oder umgekehrt; im entgegengesetzten Falle muß diese Antwort begründet werden, und obzwar die Begründung keine wesentlichen Schwierigkeiten bereitet, so ist sie doch ziemlich lang und mühsam.

Ganz anders stellt sich die Sachlage in bezug auf den Begriff der Identität in der Geometrie dar. Wenn man zwei geometrische Figuren, z. B. zwei Strecken, zwei Winkel oder zwei Vielecke gleich oder kongruent nennt, so will man damit im allgemeinen nicht behaupten, daß diese Figuren identisch sind; man stellt nur fest, daß diese Figuren gleiche Größe und gleiche Gestalt haben, mit anderen Worten (wenn man sich einer bildlichen, aber nicht ganz korrekten Sprechweise bedienen will): man kann sie zur Deckung bringen. So kann z. B. ein Dreieck zwei oder sogar drei gleiche Seiten haben, diese Seiten sind aber niemals identisch. Es kommen freilich auch solche Fälle vor, in denen es sich nicht um die geometrische Gleichheit zweier Figuren, sondern um ihre logische Identität handelt; so sind z. B. in einem gleichschenkligen Dreieck die Höhe auf die Basis und die Symmetrale der Basis nicht nur im geometrischen Sinne gleich: sie sind einfach ein und dieselbe Strecke. Um also keine Verwirrung anzustellen, empfiehlt es sich, in allen diesen Fällen, in denen man die logische

Identität nicht meint, den Terminus „*Gleichheit*" konsequent zu vermeiden, statt von im geometrischen Sinne gleichen Figuren immer von kongruenten Figuren zu sprechen und das Zeichen „$=$" dann durch ein anderes Zeichen, z. B. durch „$\cong$" zu ersetzen (was man übrigens sowieso oft tut).

17. Die Quantitätsoperatoren. Mit Hilfe des Begriffs der Identität kann man die Bedeutung gewisser Wendungen präzisieren, die dem Inhalt und der Rolle nach den All- und Existenzoperatoren verwandt, aber von einem spezielleren Charakter sind. Es sind Wendungen von der Art wie:

es gibt mindestens, bzw. höchstens, bzw. genau éin Ding x, so daß . . .,
es gibt mindestens, bzw. höchstens, bzw. genau zwei Dinge x, so daß . . .

usw.; man könnte sie als *Quantitätsoperatoren* bezeichnen. In diesen Wendungen kommen scheinbar spezifisch mathematische Ausdrücke vor, nämlich die Zahlwörter „*éin*", „*zwei*" usw. Eine genauere Analyse ergibt aber, daß der Inhalt jener Wendungen (sofern man sie als Ganzheiten betrachtet) rein logischer Natur ist. So kann man in dem Ausdruck:

es gibt mindestens éin Ding, das die gegebene Bedingung erfüllt

die Worte „*mindestens éin*" einfach durch das Wort „*éin*" (also durch einen Artikel, nicht durch ein Zahlwort) ersetzen, ohne den Sinn zu verändern. Der Ausdruck:

es gibt höchstens éin Ding, das die gegebene Bedingung erfüllt

bedeutet soviel wie:

für beliebige Dinge x und y, wenn x die gegebene Bedingung erfüllt und y die gegebene Bedingung erfüllt, so $x = y$.

Die Wendung:

es gibt genau éin Ding, das die gegebene Bedingung erfüllt

ist mit der Konjunktion der beiden vorher aufgestellten Ausdrücke gleichbedeutend:

es gibt mindestens éin Ding, das die gegebene Bedingung erfüllt, und zugleich gibt es höchstens éin Ding, das die gegebene Bedingung erfüllt.

Dem Ausdruck:

es gibt mindestens zwei Dinge, die die gegebene Bedingung erfüllen schreiben wir folgenden Sinn zu:

es gibt Dinge x und y, so daß x die gegebene Bedingung erfüllt, y die gegebene Bedingung erfüllt und $x \neq y$;

dieser Ausdruck ist also mit der Negation der Wendung:

es gibt höchstens éin Ding, das die gegebene Bedingung erfüllt

gleichbedeutend. In ähnlicher Weise erklären wir die Bedeutung anderer Wendungen dieser Kategorie.

Zur Veranschaulichung wollen wir einige wahre Sätze aus der Arithmetik anführen, in denen Quantitätsoperatoren auftreten:

es gibt genau éine Zahl x, so daß $x + 2 = 5$;

es gibt genau zwei Zahlen y, so daß $y^2 = 4$;

es gibt mindestens zwei Zahlen z, so daß $z + 2 < 6$.

Jener Teil der Logik, in dem man allgemeine Sätze aufstellt, die die Operatoren betreffen, wird als *Theorie der scheinbaren Variablen* bezeichnet, obgleich man ihn eigentlich *Operatorenkalkül* nennen sollte. In dieser Theorie widmete man bisher keine größere Aufmerksamkeit den Quantitätsoperatoren und hat hauptsächlich den All- und den Existenzoperator untersucht.

Übungsaufgaben.

1. Wir haben in 14 auf die Gefahren aufmerksam gemacht, die auf Grund einer Verwechslung des Dinges mit seiner Bezeichnung entstehen. Um die Möglichkeit solcher Gefahren zu vermindern, empfiehlt es sich folgende Vereinbarung zu treffen: wenn wir von irgendeinem Worte (oder von einem Ausdruck, der aus mehreren Worten besteht), und nicht von dem Dinge, dessen Bezeichnung jenes Wort ist, etwas aussagen wollen, so versehen wir dieses Wort mit Anführungszeichen; wenn wir dagegen von dem Dinge selbst sprechen, so bedienen wir uns des Wortes, das dieses Ding bezeichnet, ohne es mit Anführungszeichen zu versehen.[1] Dieser Vereinbarung gemäß ist z. B. der Satz:

---

[1] Der Leser kann leicht nachprüfen, daß in dem vorliegenden Buche die oben angegebene Vereinbarung ziemlich konsequent befolgt wird. Wir weichen von ihr nur in seltenen Fällen ab, wenn wir eine Konzession zugunsten eingewurzelter Gebräuche machen: wir geben z. B. ohne Anführungszeichen Formeln und Sätze an, die in

Marie besteht aus fünf Buchstaben

falsch, da keine Frau aus Buchstaben besteht; auch der Satz:

„*Marie*" *hat zwei Hände*

ist falsch, da kein Wort Hände hat.

Man stelle auf Grund der oben getroffenen Vereinbarung fest, welche von den folgenden vier Sätzen wahr sind:

a) 0 *ist eine ganze Zahl*,

b) 0 *ist eine Ziffer, die eine ovale Gestalt hat*,

c) „0" *ist eine ganze Zahl*,

d) „0" *ist eine Ziffer, die eine ovale Gestalt hat*.

2. Auf Grund der Vereinbarung, die in der vorangehenden Übungsaufgabe angeführt wurde, ist es evident, daß aus der Formel:

$$1{,}5 = \frac{3}{2}$$

keine Schlüsse über die Identität der Symbole „1,5" und „$\frac{3}{2}$" gefolgert werden können, da in dieser Formel von Zahlen, und nicht von Symbolen, die diese Zahlen bezeichnen, die Rede ist. Die Symbole „1,5" und „$\frac{3}{2}$" sind zweifellos nicht identisch, und diese Tatsache kann man durch eine andere Formel:

$$„1{,}5" \neq „\frac{3}{2}"$$

ausdrücken, die der vorigen Formel keineswegs widerspricht.

Man erkläre von demselben Gesichtspunkte aus den Sinn folgender Formeln und stelle fest, welche von ihnen richtig sind:

a) $3 = 2 + 1$,

b) „3" = „2 + 1",

---

gesonderten Zeilen gedruckt werden oder in den Formulierungen mathematischer und logischer Lehrsätze auftreten. Es werden aber dann andere Vorsichtsmaßregeln getroffen: den Ausdrücken, bei denen wir die Anführungszeichen weglassen, setzen wir einen Doppelpunkt voran und sie werden in der Regel kursiv gedruckt. Es ist zu bemerken, daß man in der Umgangssprache die Anführungszeichen in Fällen verwendet, die durch die getroffene Vereinbarung nicht in Betracht gezogen werden.

c) $4 \neq 5$,

d) „4" $\neq$ „5".

3. Man beweise folgenden Lehrsatz:

Ist $x = y$, $y = z$ und $z = t$, so gilt $x = t$.

Man stütze sich dabei ausschließlich auf den Lehrsatz IV (aus 15), ohne den Satz von *Leibniz* zu benutzen.

4. Man beweise die Lehrsätze III und IV und stütze sich dabei ausschließlich auf die Lehrsätze II und V, ohne den Satz von *Leibniz* zu benutzen.

5. In den Lehrsätzen III und IV wird überall das Zeichen „$=$" durch „$\neq$" ersetzt. Sind die beiden auf diesem Wege gewonnenen Sätze wahr?

6. Man beweise folgenden Lehrsatz aus dem Gebiete der Arithmetik und stütze sich dabei ausschließlich auf Lehrsätze der Theorie der Identität:

Wenn $x = y$ und $y > z$, so $x > z$.

7. Wir bezeichnen mit den Buchstaben „a" und „b" zwei einander gegenüberliegende Seiten eines Parallelogramms. Kann man behaupten, daß $a = b$, wenn in dieser Formel das Zeichen „$=$" diejenige Bedeutung haben soll, die wir ihm in 14 zugeschrieben haben?

8. Wir betrachten ein beliebiges Dreieck, das die Seiten a, b und c hat. Es seien h_a, h_b und h_c die drei Höhen auf die Seiten a, b und c; ähnlicherweise bezeichnen wir die drei Seitensymmetralen des Dreiecks mit „s_a", „s_b" und „s_c" und seine Winkelsymmetralen mit „w_a", „w_b" und „w_c".

Setzen wir voraus, daß das betrachtete Dreieck gleichschenklig ist, und zwar, daß a seine Basis, b und c dagegen die einander gleichen Seiten sind. Welche von den angegebenen zwölf Strecken sind dann kongruent (d. h. im geometrischen Sinne gleich) und welche identisch? Man drücke die Antwort mit Hilfe von Formeln aus und bediene sich dabei des Symbols „$\cong$" zur Bezeichnung der Kongruenz und des Symbols „$=$" zur Bezeichnung der Identität.

Man löse dieselbe Aufgabe auf unter der Voraussetzung, daß das betrachtete Dreieck gleichseitig ist.

9. Man erkläre die Bedeutung der Wendungen:

a) *es gibt höchstens zwei Dinge, die die gegebene Bedingung erfüllen*

sowie

b) *es gibt genau zwei Dinge, die die gegebene Bedingung erfüllen.*

10. Man untersuche, welche von den folgenden Sätzen wahr sind:

a) *es gibt genau éine Zahl x, so daß $x + 3 = 7 - x$;*

b) *es gibt genau zwei Zahlen x, so daß $x^2 + 4 = 4 \cdot x$;*

c) *es gibt höchstens zwei Zahlen y, so daß $y + 5 < 11 - 2 \cdot y$;*

d) *es gibt mindestens drei Zahlen z, so daß $z^2 < 2 \cdot z$;*

e) *für eine beliebige Zahl x gibt es genau éine Zahl y, so daß $x + y = 2$;*

f) *für eine beliebige Zahl x gibt es genau éine Zahl y, so daß $x \cdot y = 3$.*

11. Wie kann man mit Hilfe der Quantitätsoperatoren die Tatsache ausdrücken, daß die Gleichung:

$$x^2 - 5 \cdot x + 6 = 0$$

zwei Wurzeln hat?

*12. Welche Zahlen x erfüllen die Satzfunktion:

es gibt genau zwei Zahlen y, so daß $x = y^2$?

*13. Man unterscheide in der Satzfunktion, die in der vorigen Übungsaufgabe angeführt wurde, freie und gebundene Variablen. Werden die Variablen durch Quantitätsoperatoren gebunden (vgl. 4)?

IV. Über die Klassentheorie.

18. Mengen und ihre Elemente. Neben den einzelnen, individuellen Dingen werden in der Logik und Mathematik *Klassen* oder *Mengen von Dingen* betrachtet; so haben wir z. B. in der Arithmetik manchmal mit Zahlenmengen zu tun, in der Geometrie bringen wir unser Interesse nicht so sehr den einzelnen Punkten als den Punktmengen entgegen (die auch geometrische Figuren genannt werden). Schon relativ seltener werden Mengen untersucht, die nicht aus individuellen Dingen, sondern aus ganzen Mengen bestehen — also Mengen zweiter Ordnung; manchmal treten in den Überlegungen auch Mengen dritter und höherer Ordnungen auf. Um die individuellen Dinge von den Mengen von Dingen (und Mengen verschiedener Ordnungen untereinander) zu unterscheiden, benützen wir als Variablen Buchstaben verschiedener Gestalt und verschiedener Alphabete. Gewöhnlich werden einzelne Dinge, z. B. die Zahlen, mit kleinen Buchstaben und die Mengen von diesen Dingen mit großen Buchstaben des lateinischen Alphabets bezeichnet; in der Elementargeometrie ist aber genau der entgegengesetzte Gebrauch üblich: mit großen Buchstaben werden Punkte und mit kleinen (lateinischen oder griechischen) Buchstaben Punktmengen bezeichnet.

Jener Teil der Logik, in welchem man den Mengenbegriff analysiert und seine allgemeinen Eigenschaften untersucht, heißt *Klassentheorie*; manchmal wird diese Theorie als eine selbständige mathematische Disziplin behandelt und dann wird sie *Mengenlehre* genannt.[1]

Eine grundlegende Rolle spielen in der Klassentheorie solche Wendungen wie:

das Ding x ist ein Element der Menge M,

das Ding x gehört zur Menge M,

die Menge M enthält das Ding x als Element;

---

[1] Die Anfänge der Klassentheorie — genauer gesagt, jenes Teiles dieser Theorie, den wir unten als Klassenkalkül bezeichnen werden, — finden wir schon bei *Boole* (vgl. S. 13, Anm. [1]). Der eigentliche Schöpfer der Mengenlehre als einer selbständigen mathematischen Disziplin war der große deutsche Mathematiker *G. Cantor* (1845 bis 1918); wir verdanken ihm insbesondere die Analyse von solchen Begriffen wie Gleichmächtigkeit, Kardinalzahl und Unendlichkeit, die wir im weiteren Verlauf des vorliegenden Kapitels besprechen werden (22).

Die Mengenlehre ist eine von denjenigen mathematischen Disziplinen, die sich im Stadium einer besonders intensiven Entwicklung befinden; ihre Ideen und Gedankengänge sind in fast alle Teile der Mathematik eingedrungen und haben überall einen anregenden und befruchtenden Einfluß ausgeübt. Zur Einführung in die Elemente der Mengenlehre können folgende Bücher dienen: *K. Grelling, Mengenlehre,* Leipzig und Berlin 1924; *E. Kamke, Mengenlehre,* Berlin und Leipzig 1928, sowie die ersten Kapitel des umfassenden Werkes von *A. Fraenkel, Einleitung in die Mengenlehre,* 3. Aufl., Berlin 1928.

Mengen und Satzfunktionen mit éiner freien Variablen. 43

wir betrachten diese Wendungen als gleichbedeutend und ersetzen sie der Kürze wegen durch die Formel:

$$x \in M.$$

Ist also z. B. Gz die Menge aller ganzen Zahlen, so sind die Zahlen 1, 2, 3... ihre Elemente, die Zahlen $\frac{2}{3}$, $2\frac{1}{2}$... gehören dagegen nicht zu dieser Menge; die Formeln:

$$1 \in Gz, \; 2 \in Gz, \; 3 \in Gz \ldots$$

sind also richtig, falsch sind dagegen die Formeln:

$$\frac{2}{3} \in Gz, \; 2\frac{1}{2} \in Gz \ldots$$

19. Mengen und Satzfunktionen mit éiner freien Variablen. Man bedient sich in der Klassentheorie sehr oft der Ausdrücke vom Typus:

die Menge aller Dinge, die die gegebene Bedingung (bzw. die gegebene Satzfunktion) erfüllen;

mit diesem Ausdruck bezeichnet man nämlich die Menge, die als Elemente die und nur die Dinge enthält, die die gegebene Bedingung (bzw. Satzfunktion) erfüllen. In der Elementargeometrie wird an Stelle von:

die Menge aller Punkte, die die gegebene Bedingung erfüllen,

öfter der Ausdruck:

der geometrische Ort der Punkte, die die gegebene Bedingung erfüllen,

gebraucht. In diesem Sinne spricht man z. B. von der Menge aller ganzen Zahlen (d. i. von der Menge aller Dinge, die die Satzfunktion „*x ist eine ganze Zahl*" erfüllen), von der Menge aller negativen Zahlen, von dem geometrischen Ort der Punkte (oder von der Menge aller Punkte), die von zwei gegebenen Punkten gleich entfernt sind, usw.

* Es wird in der Logik angenommen, daß jeder Satzfunktion, die nur éine freie Variable enthält, genau éine Menge entspricht, die die und nur die Elemente enthält, welche die gegebene Satzfunktion erfüllen. So z. B. entspricht der Satzfunktion:

$$x > 0$$

die Menge aller positiven Zahlen; wenn wir diese Menge mit dem

Symbol „Pz" bezeichnen, so wird die betrachtete Satzfunktion der Formel:

$$x \in Pz$$

äquivalent. In analoger Weise läßt sich jede Satzfunktion, die als die einzige freie Variable „x" enthält, auf eine ihr äquivalente Formel von der Gestalt:

$$x \in M$$

umformen, wobei an Stelle von „M" eine Konstante auftritt, die eine gewisse Menge von Dingen bezeichnet; eine derartige Formel kann man also als die allgemeinste Form einer Satzfunktion mit éiner freien Variablen betrachten.

Es wird von einer Satzfunktion mit éiner freien Variablen oft behauptet, daß sie eine gewisse Eigenschaft von Dingen ausdrückt — eine Eigenschaft, die den und nur den Dingen zukommt, welche die gegebene Satzfunktion erfüllen (so drückt z. B. die Satzfunktion „x *ist durch* 2 *teilbar*" eine Eigenschaft der Zahl x aus, die man Teilbarkeit durch 2 oder die Eigenschaft, gerade zu sein, nennt). Die Menge, die dieser Funktion entspricht, enthält also als Elemente alle Dinge, die die gegebene Eigenschaft besitzen, und außerdem keine anderen Elemente. Auf diese Weise kann man jeder Eigenschaft von Dingen eine eindeutig bestimmte Menge zuordnen. Aber auch umgekehrt: jeder Menge ist eine Eigenschaft zugeordnet, die ausschließlich den Elementen dieser Menge zukommt, nämlich die Eigenschaft, dieser Menge anzugehören. Deshalb ist es, nach der Meinung zahlreicher Logiker, überhaupt nicht nötig, zwischen den beiden Begriffen: der Menge und der Eigenschaft zu unterscheiden; eine besondere „Theorie der Eigenschaften" ist entbehrlich — die Klassentheorie reicht völlig aus.

Als eine Anwendung der obigen Bemerkungen wollen wir hier noch éine Formulierung des Satzes von *Leibniz* angeben. Während wir uns in den früheren Formulierungen (aus 15) der Ausdrücke „*Satzfunktion*" oder „*Eigenschaft*" bedient haben, tritt in der neuen, völlig äquivalenten Formulierung der Ausdruck „*Menge*" auf:

$x = y$ *dann und nur dann, wenn jede Menge, deren Element das Ding x ist, auch das Ding y als Element enthält.*

Bei dieser Formulierung des Satzes von *Leibniz* zeigt es sich, daß der Identitätsbegriff mit Hilfe des Mengenbegriffs definiert werden kann. *

20. Grundbeziehungen zwischen Mengen. Zwischen zwei beliebigen Mengen M und N können verschiedene Beziehungen bestehen. Es kann z. B. vorkommen, daß jedes Element der Menge M zugleich ein Element der Menge N ist; wir sagen dann, daß *die Menge M ein Teil*, bzw. *eine Teilmenge der Menge N ist* oder daß sie *in der Menge N enthalten ist* oder auch daß *die Menge M in der Beziehung der Inklusion zu der Menge N steht* oder schließlich daß *die Menge N die Menge M als eine Teilmenge umfaßt*, und drücken dies der Kürze halber mit Hilfe der Formel:

$$M \subset N, \text{ bzw. } N \supset M$$

aus. Der Ausdruck „*Teil*" wird hier in einer weiteren Bedeutung als in der Umgangssprache verwendet: wenn wir sagen, daß die Menge M eine Teilmenge von N ist, so wollen wir damit die Möglichkeit nicht ausschalten, daß auch umgekehrt die Menge N eine Teilmenge von M ist, d. i. daß die Mengen M und N alle Elemente gemein haben; in diesem Fall sind die Mengen M und N, wie aus einem Lehrsatz der Klassentheorie folgt, identisch. Wenn aber die konverse Beziehung nicht besteht, d. i. wenn jedes Element der Menge M ein Element der Menge N ist, aber nicht jedes Element der Menge N zu der Menge M gehört, so sagen wir, daß *die Menge M eine echte Teilmenge der Menge N ist* oder daß *die Menge N die Menge M als eine echte Teilmenge umfaßt*. So ist z. B. die Menge aller ganzen Zahlen eine echte Teilmenge der Menge aller rationalen Zahlen; eine Gerade umfaßt jede Strecke, die auf ihr liegt, als eine echte Teilmenge.

Wir sagen, daß *die Mengen M und N sich schneiden*, wenn sie mindestens éin gemeinsames Element haben, wobei aber jede von ihnen auch solche Elemente enthält, die der anderen Menge nicht angehören; zwei Mengen, die kein gemeinsames Element haben, heißen *disjunkt, elementfremd* oder einfach *fremd*. So schneidet sich z. B. ein Kreis mit jeder Geraden, die durch seinen Mittelpunkt läuft, dagegen ist er zu jeder Geraden fremd, deren Entfernung vom Mittelpunkt größer als der Radius des Kreises ist; die Menge aller positiven Zahlen schneidet sich mit der Menge aller rationalen Zahlen, ist aber zu der Menge aller negativen Zahlen fremd.

Es seien hier beispielsweise folgende Lehrsätze angeführt, die die angegebenen Beziehungen zwischen Mengen betreffen und die (samt anderen Lehrsätzen von ähnlicher Struktur) als *Sätze des kategorischen Syllogismus* bezeichnet werden können:

Ist M eine Teilmenge von N und N eine Teilmenge von P, so ist auch M eine Teilmenge von P.

Ist M eine Teilmenge von N und sind die Mengen N und P zueinander fremd, so sind auch die Mengen M und P zueinander fremd.

Es ist leicht zu ersehen, daß zwischen zwei beliebigen Mengen éine von den betrachteten Beziehungen bestehen muß; dies wird durch folgenden Lehrsatz ausgedrückt:

Wenn M und N zwei beliebige Mengen sind, so gilt entweder $M = N$, oder die Menge M ist eine echte Teilmenge von N, oder die Menge M umfaßt die Menge N als eine echte Teilmenge, oder die Mengen M und N schneiden sich, oder schließlich sind sie fremd, wobei zwei von den angegebenen Fällen nicht zugleich vorkommen können.

Will man sich den obigen Satz veranschaulichen, so ist es am besten, die Mengen M und N als geometrische Figuren zu denken und sich alle möglichen gegenseitigen Lagen dieser beiden Figuren klarzumachen. Die Beziehungen, von denen in diesem Satz die Rede ist, können *Grundbeziehungen zwischen Mengen* genannt werden.[1]

---

[1] Die ganze alte Aristotelische Logik (vgl. 6) kann fast restlos auf die Lehre von den Grundbeziehungen zwischen Mengen, also auf ein kleines Bruchstück der Klassentheorie, zurückgeführt werden. Rein äußerlich unterscheiden sich diese beiden Disziplinen darin, daß in der alten Logik der Begriff der Menge oder Klasse explizit nicht auftritt (z. B. statt zu sagen, daß die Menge der Pferde in der Menge der Säugetiere enthalten ist, pflegte man in der alten Logik zu sagen, daß die Eigenschaft, Säugetiere zu sein, allen Pferden zukommt oder einfach daß jedes Pferd ein Säugetier ist). Die wichtigsten Lehrsätze der Aristotelischen Logik sind die Sätze des kategorischen Syllogismus, die den oben erwähnten und ebenso genannten Lehrsätzen der Klassentheorie genau entsprechen.

21. Operationen mit Mengen. Neben den Beziehungen zwischen Mengen werden in der Klassentheorie Operationen mit Mengen betrachtet, mit deren Hilfe man aus den gegebenen Mengen andere Mengen bildet. So kann man z. B. aus zwei beliebigen Mengen M und N eine neue Menge P bilden, die als Elemente die und nur die Dinge enthält, die mindestens einer der beiden Mengen M und N angehören; man kann sagen, daß die Menge P durch die Hinzufügung der Elemente der Menge N zu denen der Menge M gewonnen wird. Diese Operation wird *Addition von Mengen* genannt; die Menge P nennt man *Vereinigungsmenge* oder *Summe der Mengen M und N* und sie wird mit dem Symbol:

$$M + N$$

bezeichnet. Eine andere Operation, die man *Durchschnittsbildung* oder manchmal auch *Multiplikation von Mengen* nennt, besteht darin, daß man aus den Mengen M und N eine Menge P bildet, die die und nur die Elemente enthält, welche zugleich zu M und zu N gehören; die Menge P wird *Durchschnitt* oder auch *Produkt der Mengen M und N* genannt und mit dem Symbol:

$$M \cdot N$$

bezeichnet.

Diese beiden Operationen spielen eine bedeutende Rolle in der Geometrie; es ist besonders bequem, sie beim Definieren neuer Arten von geometrischen Figuren zu verwenden. Angenommen, daß wir z. B. bereits wissen, was zwei Nebenwinkel sind, so können wir die Halbebene oder den gestreckten Winkel als die Vereinigungsmenge zweier Nebenwinkel definieren (ein Winkel wird hier als ein Winkelgebiet betrachtet, d. h. als ein Teil der Ebene, der durch zwei Halbgeraden, die Schenkel des Winkels heißen, begrenzt wird). Betrachten wir ferner einen beliebigen Kreis und einen Winkel, dessen Scheitelpunkt im Mittelpunkt des Kreises liegt; der Durchschnitt dieser beiden Figuren ist eine Figur, die Kreisausschnitt genannt wird.

Wir geben hier noch zwei Beispiele aus dem Gebiete der Arithmetik an: die Summe der Menge aller positiven Zahlen und der Menge aller negativen Zahlen ist die Menge aller von 0 verschiedenen Zahlen; der Durchschnitt der Menge aller geraden Zahlen und der Menge aller Primzahlen ist die Menge, die nur ein einziges Element enthält, nämlich die Zahl 2 (die

Zahl 2 ist ja die einzige gerade Zahl, die zugleich eine Primzahl ist).

Für die Addition und die Multiplikation von Mengen gelten verschiedene Lehrsätze. Manche von diesen Lehrsätzen sind den Sätzen der Arithmetik, die die Addition und die Multiplikation von Zahlen betreffen, völlig analog (eben aus diesem Grunde wurden zur Bezeichnung der betrachteten Operationen die Termini „*Addition*" und „*Multiplikation*" gewählt); als Beispiel führen wir das *kommutative Gesetz der Addition und der Multiplikation von Mengen* an:

Für beliebige Mengen M und N: $M + N = N + M$ und $M . N = N . M$.

Andere Lehrsätze weichen aber bedeutend von den Sätzen der Arithmetik ab; ein charakteristisches Beispiel für einen solchen Lehrsatz ist der sog. *Satz der Tautologie:*

Für eine beliebige Menge M: $M + M = M$ und $M . M = M$.

Dieser Lehrsatz leuchtet ein, sobald man sich den Sinn der Symbole „$M + M$" und „$M . M$" klarmacht: fügt man z. B. zu den Elementen der Menge M die Elemente derselben Menge hinzu, so wird damit eigentlich gar nichts hinzugefügt, so daß man als Ergebnis wieder dieselbe Menge M bekommt.

Wir wollen noch eine Operation erwähnen, die sich von der Addition und der Durchschnittsbildung dadurch unterscheidet, daß sie nicht mit zwei Mengen, sondern mit éiner Menge ausgeführt wird. Es ist die sog. *Komplementsbildung von Mengen*; die Menge aller Dinge, die zu der gegebenen Menge M nicht gehören, wird nämlich *Komplement der Menge M* genannt und mit dem Symbol „M'" bezeichnet. Ist z. B. M die Menge aller ganzen Zahlen, so gehören alle Brüche und irrationalen Zahlen der Menge M' an.

Die Beziehungen zwischen Mengen und die Operationen mit Mengen, die wir jetzt kennengelernt haben, werden in einem besonderen Teil der Klassentheorie erörtert; da die Lehrsätze, die diese Beziehungen und Operationen betreffen, meistenteils einen kalkülmäßigen Charakter haben und an Sätze der Arithmetik erinnern, so wird dieser Teil der Theorie *Klassenkalkül* genannt.

22. Gleichzahlige Mengen, Anzahl der Elemente einer Menge, endliche und unendliche Mengen.

*Unter den übrigen Begriffen, die in der Klassentheorie betrachtet werden, verdient die Gruppe solcher Begriffe wie *gleichzahlige Mengen, Anzahl der Elemente einer Menge, endliche und unendliche Mengen* besondere Aufmerksamkeit. Leider sind es schwierige Begriffe, die hier nur flüchtig besprochen werden können.

Als Beispiel von zwei gleichzahligen Mengen, die auch als *gleichmächtige* oder *äquivalente Mengen* bezeichnet werden, können die Mengen der Finger der rechten und der linken Hand dienen; diese Mengen sind gleichzahlig, da man mit Hilfe der Finger der beiden Hände Paare bilden kann, wobei: 1. jeder Finger genau in éinem Paar vorkommt und 2. jedes Paar éinen Finger der rechten und éinen Finger der linken Hand enthält. In einem analogen Sinne sind z. B. folgende drei Mengen gleichzahlig: die Menge aller Scheitel, die Menge aller Seiten und die Menge aller Winkel eines beliebigen Vielecks. Betrachten wir eine beliebige Menge M; es gibt zweifellos eine Eigenschaft, die allen mit M gleichzahligen Mengen und keiner anderen Menge zukommt (diese Eigenschaft ist nämlich die Gleichzahligkeit mit der Menge M); man nennt sie Anzahl der Elemente, anders *Mächtigkeit* oder *Kardinalzahl* der Menge M. Dies kann man kürzer und präziser, jedoch in einer noch abstrakteren Weise ausdrücken: die Anzahl der Elemente einer Menge M ist die Menge aller Mengen, die mit M gleichzahlig sind. Man kann daraus u. a. unschwer folgern, daß zwei Mengen M und N dann und nur dann dieselbe Anzahl von Elementen haben, wenn sie gleichzahlig sind.

Mit Rücksicht auf die Anzahl ihrer Elemente werden Mengen in endliche und unendliche eingeteilt; innerhalb der ersteren werden Mengen unterschieden, die aus éinem Elemente, aus zwei, drei usw. Elementen bestehen. Am einfachsten sind diese Begriffe auf Grund der Arithmetik zu definieren. In der Tat sei n eine beliebige natürliche (d. i. ganze nicht negative) Zahl; wir sagen, daß *die Menge M aus n Elementen besteht*, wenn diese Menge mit der Menge aller natürlichen Zahlen, die kleiner als n sind, gleichzahlig ist. Eine Menge besteht also insbesondere aus 2 Elementen, wenn sie mit der Menge aller natürlichen Zahlen, die kleiner als 2 sind, d. i. mit der Menge, die aus den Zahlen 0 und 1 besteht, gleichzahlig ist; ähnlicherweise besteht eine Menge aus 3 Elementen, wenn sie mit der Menge gleichzahlig ist, die als Elemente die Zahlen 0, 1 und 2 enthält. Allgemein wollen wir eine Menge M endlich nennen, wenn es eine natürliche Zahl n gibt, so daß die Menge M aus n Elementen besteht; im entgegengesetzten Falle wird die Menge unendlich genannt.

Es hat sich jedoch erwiesen, daß noch eine andere Verfahrungsweise möglich ist: alle zuletzt betrachteten Termini kann man mit Hilfe von Ausdrücken rein logischen Charakters definieren, ohne dabei irgendwelche Begriffe aus dem Gebiete der Arithmetik zu verwenden. Wir können z. B. sagen, daß *die Menge M genau aus éinem Element besteht*, wenn diese Menge folgende zwei Bedingungen erfüllt: 1. es gibt ein Ding x, so daß $x \in M$; 2. für beliebige Dinge y und z, wenn $y \in M$ und $z \in M$, so $y = z$ (diese beiden Bedingungen kann man durch eine einzige ersetzen: „*es gibt genau éin Ding x, so daß $x \in M$*"; vgl. 17). Analog definieren wir die Wendungen: „*die Menge M besteht aus zwei Elementen*", „*die Menge M besteht aus drei Elementen*" usw. Das Problem wird viel schwieriger, wenn es sich um eine Definition der Termini „*endliche Menge*" und „*unendliche Menge*" handelt, aber auch in diesen Fällen ist es gelungen, dieses Problem in positiver Weise zu lösen, so daß alle betrachteten Begriffe in den Bereich der Logik einbezogen wurden.

Dieser Umstand zieht eine Folgerung nach sich, die ungemein interessant und von weittragender Bedeutung ist: es erweist sich nämlich, daß auch der Begriff der Zahl selbst und alle anderen Begriffe aus dem Gebiete der Arithmetik innerhalb der Logik definiert werden können. Es ist tatsächlich leicht, den Sinn von Zeichen festzulegen, die einzelne natürliche Zahlen bezeichnen, also von Zeichen „0", „1", „2" usw. Man kann z. B. sagen, daß die Zahl 1 die Anzahl von Elementen einer solchen Menge ist, die aus genau éinem Elemente besteht (eine derartige Definition ist scheinbar unkorrekt, es scheint, als ob in der Formulierung dieser Definition ein Zirkel stecken würde, da das Definiens das Wort „*éin*" enthält, das eben zu definieren ist; in Wirklichkeit steckt hier jedoch kein Fehler, da wir die Wendung „*die Menge besteht aus genau éinem Element*" als ein Ganzes betrachten und den Sinn dieser Wendung bereits früher erklärt haben). Es fällt auch nicht schwer, den allgemeinen Begriff der natürlichen Zahl zu definieren: die natürliche Zahl ist die Anzahl von Elementen einer endlichen Menge. Wir sind ferner imstande, alle Operationen mit natürlichen Zahlen zu definieren und den Zahlbegriff durch Einführung von Brüchen, negativen und irrationalen Zahlen zu erweitern, ohne dabei an irgendeiner Stelle über den Rahmen der Logik hinauszugehen. Noch mehr, wir vermögen alle Lehrsätze der Arithmetik zu begründen, indem wir uns dabei ausschließlich auf Lehrsätze der Logik stützen (man muß nur zu diesem Zwecke das System von logischen Lehrsätzen um einen einzigen Satz bereichern, der nicht so einleuchtend ist wie die übrigen Lehrsätze der Logik, nämlich um das sog. *Unendlichkeitsaxiom*, das besagt, daß es unendlich viele verschiedene Dinge gibt). Diese ganze Konstruktion ist sehr abstrakt, sie kann nicht leicht popularisiert werden und sie paßt gar nicht in den Rahmen einer elementaren Darstellung der Arithmetik hinein. Jedoch die bloße Tatsache, daß es gelungen ist, die ganze Arithmetik samt allen auf ihr aufgebauten Disziplinen — Algebra, Analysis usw. — als einen Teil der Logik zu gründen, stellt eine der schönsten Errungenschaften der neueren logischen Untersuchungen dar.[1] *

Übungsaufgaben.

1. Es sei M die Menge aller Zahlen, die kleiner als $\frac{3}{4}$ sind. Welche von folgenden Formeln sind wahr:

$$0 \in M, \ 1 \in M, \ \frac{2}{3} \in M, \ \frac{3}{4} \in M, \ \frac{4}{5} \in M?$$

2. Wir betrachten folgende vier Mengen:
   a) die Menge aller positiven Zahlen,
   b) die Menge aller Zahlen, die kleiner als 3 sind,
   c) die Menge aller Zahlen x, so daß $x + 5 < 8$,
   d) die Menge aller Zahlen, die die Satzfunktion „$x < 2 \cdot x$"
erfüllen.

---

[1] Die grundlegenden Gedanken in diesem Gebiete stammen von *Frege*; zum erstenmal hat er sie in seinem interessanten Buche: *Die Grundlagen der Arithmetik* (1884, 2. Aufl. 1934) entwickelt, das bis heute mit Nutzen und Vergnügen gelesen werden kann. Die Gedanken *Freges* haben ihre Verwirklichung in systematischer und erschöpfender Weise im Werke: *Principia Mathematica* von *B. Russell* und *A. N. Whitehead* (vgl. S. 13, Anm. [1]) gefunden; man kann sich über sie in dem Buche von *Russell*: *Einführung in die mathematische Philosophie* informieren (vgl. die Literaturangaben am Ende dieses Buches).

Welche von diesen Mengen sind identisch und welche verschieden?

3. Wie wird in der Geometrie die Menge aller Punkte des Raumes genannt, deren Entfernung von einem gegebenen Punkte, bzw. von einer gegebenen Geraden, nicht größer als eine gegebene Strecke ist?

4. Es seien K und L zwei Kreise, die den gemeinsamen Mittelpunkt haben, wobei der Halbmesser des ersten kleiner sein soll als der des zweiten. Welche von den in 20 besprochenen Beziehungen besteht zwischen diesen Kreisen? Besteht auch dieselbe Beziehung zwischen den Peripherien jener Kreise?

5. Man zeichne zwei Quadrate M und N auf diese Weise auf, daß eine der folgenden Beziehungen zwischen ihnen besteht:

a) $M = N$,

b) das Quadrat M ist ein eigentlicher Teil des Quadrats N,

c) das Quadrat M umfaßt das Quadrat N als einen eigentlichen Teil,

d) die Quadrate M und N schneiden sich,

e) die Quadrate M und N sind fremd.

Welche von diesen Fällen fallen weg, falls die Quadrate kongruent sind?

6. Man löse die vorige Übungsaufgabe auf unter der Annahme, daß M und N nicht Quadrate, sondern (1) die Peripherien zweier Kreise oder (2) zwei rechte Winkel sind.

7. Es seien x und y zwei beliebige Zahlen, wobei $x < y$. Die Menge aller Zahlen, die nicht kleiner als x und nicht größer als y sind, wird bekanntlich *Intervall mit den Endpunkten x und y* genannt; man bezeichnet diese Menge mit dem Symbol „$[x, y]$".

Welche von den unten angegebenen Formeln sind richtig:

a) $[3, 5] \subset [3, 6]$,

b) $[4, 7] \subset [5, 10]$,

c) $[-2, 4] \supset [-3, 5]$,

d) $[-7, 1] \supset [-5, -2]$?

Welche von den grundlegenden Beziehungen bestehen zwischen den Intervallen

e) [2, 4] und [5, 8],

f) [3, 6] und [$3\frac{1}{2}$, $5\frac{1}{2}$],

g) [$1\frac{1}{2}$, 7] und [—2, $3\frac{1}{2}$]?

8. Es seien AB und CD zwei Strecken, wobei der Punkt C auf der Strecke AB und der Punkt B auf der Strecke CD liegt. Was wird die Summe und was der Durchschnitt dieser beiden Strecken sein? Man drücke die Antwort in Formeln aus.

9. Es sei ABC ein beliebiges Dreieck und D ein beliebiger Punkt, der auf der Strecke BC liegt. Welche Figur bildet die Summe $ABD + ACD$ und welche der Durchschnitt $ABD \cdot ACD$?

10. Man stelle ein beliebiges Quadrat

a) als Summe zweier Trapeze

und

b) als Durchschnitt zweier Dreiecke

dar.

11. Welche von den unten angegebenen Formeln sind richtig (vgl. die Übungsaufgabe 7):

a) [2, $3\frac{1}{2}$] + [3, 5] = [2, 5],

b) [—1, 2] + [0, 3] = [0, 2],

c) [—2, 8] . [3, 7] = [—2, 8],

d) [2, $4\frac{1}{2}$] . [3, 5] = [2, 3]?

Man führe in falschen Formeln die Korrektur der Ausdrücke durch, die rechts vom Zeichen „=" stehen.

12. Es seien M und N zwei beliebige Mengen, wobei $M \subset N$. Welche Menge stellt $M + N$ und welche $M \cdot N$ dar?

13. Man zeige, daß beliebige Mengen M und N, bzw. M, N und P folgende Formeln erfüllen:

a) $M \subset M + N$ und $M \supset M \cdot N$,

b) $M + (N + P) = (M + N) + P$
und $M \cdot (N \cdot P) = (M \cdot N) \cdot P$,

c) $M \cdot (N + P) = M \cdot N + M \cdot P$

und $M + N \cdot P = (M + N) \cdot (M + P)$.

Man gebe eine geometrische Veranschaulichung für die beiden letzten Formeln an (man nehme an, daß „M", „N" und „P" gewisse geometrische Figuren bezeichnen).

Welche von den angegebenen Formeln entsprechen den Lehrsätzen der Arithmetik?

14. Einer von den Lehrsätzen der Mengenlehre — der sog. *Satz des doppelten Komplements* — besagt, daß jede Menge M die Formel:

$$(M')' = M$$

erfüllt. Man lese diese Formel ab und begründe sie.

*15. Gibt es ein solches Vieleck, in dem die Menge aller Seiten mit der Menge aller Diagonalen gleichzahlig ist?

*16. Man stelle die Definitionen der Wendungen:

a) *die Menge M besteht aus zwei Elementen*

und

b) *die Menge M besteht aus drei Elementen*

auf, wobei man sich lediglich der Begriffe aus dem Gebiete der Logik bediene.

*17. Betrachten wir folgende drei Mengen:

a) die Menge aller natürlichen Zahlen, die größer als 0 und kleiner als 4 sind,

b) die Menge aller rationalen Zahlen, die größer als 0 und kleiner als 4 sind,

c) die Menge aller irrationalen Zahlen, die größer als 0 und kleiner als 4 sind.

Welche von diesen Mengen sind endlich und welche unendlich?

Man gebe noch andere Beispiele von endlichen und unendlichen Zahlenmengen an.

V. Über die Relationstheorie.

23. Beziehungen, ihre Vorder- und Hinterglieder; Beziehungen und Satzfunktionen mit zwei freien Variablen. Bereits in den vorigen Kapiteln lernten wir einzelne *Relationen*, d. i. *Beziehungen zwischen den Dingen* kennen. Als Beispiel einer Beziehung zwischen zwei Dingen kann die Identität dienen; wir lesen manchmal die Formel:

$$x = y$$

folgendermaßen:

das Ding x steht zum Dinge y in der Beziehung der Identität

oder auch:

zwischen den Dingen x und y besteht die Beziehung der Identität

und wir sagen, daß das Symbol „$=$" die Beziehung der Identität bezeichnet. Wir sind ferner manchen Beziehungen begegnet, die zwischen den Mengen von Dingen bestehen: es waren die Beziehungen des Enthaltenseins oder der Inklusion, des Sichschneidens, der Elementfremdheit u. a. Jetzt wollen wir einige Begriffe aus der allgemeinen *Theorie der Beziehungen* besprechen, die übrigens öfter *Relationstheorie* benannt wird: es ist ein besonderer, sehr wichtiger Teil der Logik, in welchem Beziehungen von ganz beliebigem Charakter betrachtet und Lehrsätze, die sie betreffen, aufgestellt werden.[1]

Zur Erleichterung von Überlegungen führen wir in der Relationstheorie besondere Variablen „R", „S" usw. ein, die zur Bezeichnung von Beziehungen dienen. Anstatt der Wendungen wie:

das Ding x steht in der Beziehung R zum Ding y,

bzw.

das Ding x steht nicht in der Beziehung R zum Ding y

wollen wir symbolische Abkürzungen:

$$x \, R \, y,$$

bzw.

$$x \text{ nicht } R \, y$$

---

[1] Die Relationstheorie hat ihre Entstehung dem amerikanischen Philosophen *Ch. S. Peirce* (1839—1914) und dem deutschen Logiker *E. Schröder* (1841—1902) zu verdanken.

benützen. Jedes Ding, das in der Beziehung R zu einem Dinge y steht, nennen wir *Vorderglied der Beziehung R;* das Ding y, für das es ein Ding x gibt, so daß $x\,R\,y$ gilt, wird *Hinterglied der Beziehung R* genannt. So sind z. B. beliebige Dinge Vorder- und Hinterglieder der Beziehung der Identität und beliebige Mengen Vorder- und Hinterglieder der Beziehung des Enthaltenseins.

* Wir nehmen an, daß jeder Satzfunktion mit zwei freien Variablen „x" und „y" eine Beziehung entspricht, die zwischen den Dingen x und y dann und nur dann besteht, wenn sie die gegebene Satzfunktion erfüllen; im Zusammenhange damit wird von einer Satzfunktion mit den freien Variablen „x" und „y" behauptet, daß sie eine Beziehung zwischen den Dingen x und y ausdrückt. So drückt z. B. die Satzfunktion:

$$x + y = 0$$

die Beziehung »ist entgegengesetzt« aus: die Zahlen x und y stehen zueinander dann und nur dann in der Beziehung »ist entgegengesetzt« (oder, einfacher gesagt, sie sind entgegengesetzt), wenn $x + y = 0$; wenn wir die Beziehung »ist entgegengesetzt« mit dem Zeichen „E" bezeichnen, so sind die Formeln:

$$x\,E\,y$$

und

$$x + y = 0$$

äquivalent. In ähnlicher Weise läßt sich jede Satzfunktion, die die Zeichen „x" und „y" als einzige freie Variablen enthält, auf eine ihr äquivalente Formel der Gestalt:

$$x\,R\,y$$

umformen, wo an Stelle von „R" eine Konstante vorkommt, die eine Beziehung bezeichnet. Die Formel:

$$x\,R\,y$$

kann also als die allgemeine Form einer Satzfunktion mit zwei freien Variablen angesehen werden, ebenso wie die Formel:

$$x \in M$$

als die allgemeine Form einer Satzfunktion mit éiner freien Variablen gelten kann (vgl. 19). *

24. Einige Eigenschaften von Beziehungen.

Die Relationstheorie ist einer der am meisten entwickelten Zweige der mathematischen Logik. Ein Teil davon, der *Relationskalkül*, ist dem Klassenkalkül ähnlich: es werden dort hauptsächlich formale Gesetze begründet, die die Operationen betreffen, mit deren Hilfe man aus den gegebenen Beziehungen andere Beziehungen bilden kann. Seines ziemlich speziellen Charakters wegen wollen wir uns hier nicht mit dem Relationskalkül befassen. Dagegen wird uns ein anderer Teil der Relationstheorie näher interessieren, dessen Aufgabe es ist, gewisse Arten von Beziehungen auszusondern und zu untersuchen, denen man besonders oft in mathematischen Disziplinen begegnet.

So wollen wir z. B. eine Beziehung R *reflexiv in der Menge M* nennen, wenn jedes Element x der Menge M in der Beziehung R zu sich selbst steht:

$$x\,R\,x;$$

wenn dagegen kein Element dieser Menge in der Beziehung R zu sich selbst steht:

$$x\,\text{nicht}\,R\,x,$$

so wird die Beziehung R *irreflexiv in der Menge M* genannt. Die Beziehung R heißt *symmetrisch in der Menge M*, wenn sich für beliebige zwei Elemente x und y der Menge M aus der Formel:

$$x\,R\,y$$

stets die Formel:

$$y\,R\,x$$

ergibt; wenn dagegen die Formel:

$$x\,R\,y$$

stets:

$$y\,\text{nicht}\,R\,x$$

zur Folge hat, so ist die Beziehung R *asymmetrisch in der Menge M*. Man nennt eine Beziehung R *transitiv in der Menge M*, wenn für beliebige drei Elemente x, y und z der Menge M die Bedingungen:

$$x\,R\,y \text{ und } y\,R\,z$$

stets:

$$x\,R\,z$$

ergeben. Wenn endlich für beliebige zwei verschiedene Elemente x und y der Menge M

$$x\,R\,y \text{ oder } y\,R\,x$$

gilt, d. i. wenn die Beziehung R zwischen beliebigen zwei verschiedenen Elementen der Menge M zumindest in einer Richtung besteht, so heißt diese Beziehung *in der Menge M konnex*.

25. Beziehungen, die zugleich reflexiv, symmetrisch und transitiv sind; Abstraktionsprinzip. Die oben angeführten Eigenschaften von Beziehungen treten oft gruppenweise auf. So ist z. B. die Art von Beziehungen sehr verbreitet, die zugleich reflexiv, symmetrisch und transitiv sind. Ein typisches Beispiel von Beziehungen dieser Art ist die Identität: der Lehrsatz II aus 15 drückt aus, daß diese Beziehung reflexiv (und zwar in einer beliebigen Menge von Dingen) ist, dem Lehrsatze III gemäß ist die Identität eine symmetrische Beziehung und nach dem Lehrsatze IV ist sie eine transitive Beziehung; aus diesen Gründen nennt man die Lehrsätze II, III und IV entsprechend *Satz der Reflexivität, Satz der Symmetrie* und *Satz der Transitivität für die Identität*. Zahlreiche Beispiele von Beziehungen der betrachteten Art können aus der Geometrie geschöpft werden. So ist die Beziehung der Kongruenz in der Menge aller Strecken (oder anderer geometrischen Figuren) reflexiv, da jede Strecke sich selbst kongruent ist; sie ist symmetrisch, denn daraus, daß eine Strecke einer anderen kongruent ist, ergibt sich, daß auch die zweite mit der ersten kongruent ist; sie ist endlich transitiv, denn wenn die Strecke a zu der Strecke b und die Strecke b zu der Strecke c kongruent ist, so ist auch die Strecke a zu der Strecke c kongruent. Dieselben drei Eigenschaften kommen z. B. der Beziehung der Ähnlichkeit zwischen Vielecken, der Beziehung der Parallelität zwischen Geraden zu (wenn nur angenommen wird, daß jede Gerade zu sich selbst parallel ist), ferner — schon außerhalb der Geometrie — der Beziehung der Gleichzahligkeit zwischen beliebigen Mengen oder der Beziehung der Gleichaltrigkeit (»ist gleichen Alters wie«) zwischen Menschen zu.

Jede Beziehung, die zugleich reflexiv, symmetrisch und transitiv ist, wird als eine Art Gleichheit empfunden; statt daher zu sagen, daß eine solche Beziehung zwischen zwei Dingen besteht, sagt man im Zusammenhange mit der erwähnten Auffassung,

Beziehungen, die zugleich reflexiv, symmetrisch und transitiv sind. 59

daß diese Dinge in dieser oder jener Hinsicht gleich sind oder — in einer präziseren Redeweise — daß gewisse Eigenschaften von diesen Dingen identisch sind. Anstatt z. B. zu sagen, daß zwei Strecken kongruent sind, zwei Vielecke ähnlich, zwei Knaben gleichaltrig, können wir behaupten, daß die Strecken hinsichtlich ihrer Länge gleich sind, daß die beiden Vielecke dieselbe Gestalt haben oder daß das Alter der beiden Knaben dasselbe ist.

* Wir wollen an Hand eines Beispiels eine Anleitung geben, wie man eine derartige Ausdrucksweise begründen kann. Zu diesem Zwecke betrachten wir die Beziehung der Ähnlichkeit zwischen Vielecken; wir wollen die Menge aller Vielecke, die dem gegebenen Vieleck V ähnlich sind (oder in einer etwas geläufigeren Sprechweise: die gemeinsame Eigenschaft, die allen dem Vieleck V ähnlichen Vielecken, aber keinem anderen Vieleck zukommt), als Gestalt des Vielecks V bezeichnen. Auf Grund dieser Vereinbarung kann man streng nachweisen, daß die beiden Wendungen:

die Vielecke V und W sind ähnlich

und

die Vielecke V und W haben dieselbe Gestalt (d. h. die Gestalten von V und W sind identisch)

äquivalent sind; beim Beweis muß man die oben erwähnten Eigenschaften der Ähnlichkeitsbeziehung: die Reflexivität, die Symmetrie und die Transitivität berücksichtigen. Der Leser wird sogleich bemerken, daß wir schon einmal im Laufe der vorangehenden Betrachtungen eine analoge Verfahrungsweise verwendet haben, und zwar in 22 beim Übergang von der Wendung:

die Mengen M und N sind gleichzahlig

zu der ihr äquivalenten Wendung:

die Mengen M und N haben dieselbe Anzahl von Elementen.

Es ist nicht schwer festzustellen, daß diese Verfahrungsweise auf jede reflexive, symmetrische und transitive Beziehung anwendbar ist. Es gibt sogar einen logischen Lehrsatz, das sog. *Abstraktionsprinzip*, das eine allgemeine theoretische Grundlage für die betrachtete Verfahrungsweise gibt; wir verzichten hier jedoch auf die genaue Formulierung dieses Prinzips. *

Man hat bisher keinen besonderen Terminus zur Bezeichnung der Gesamtheit von zugleich reflexiven, symmetrischen und transitiven Beziehungen eingeführt. Manchmal werden Beziehungen dieser Art allgemein *Gleichheiten* oder *Äquivalenzen* genannt. Manchmal bezeichnet man auch mit dem Terminus „*Gleichheit*" bestimmte Beziehungen der betrachteten Kategorie, und man nennt zwei Dinge gleich, zwischen denen eine solche Beziehung besteht. So spricht man z. B., wie wir es in 16 erwähnt haben, in der Geometrie oft von gleichen Strecken anstatt von kongruenten Strecken. Hier wollen wir nochmals betonen, daß derartige Wendungen lieber zu vermeiden sind: ihr Gebrauch führt zu Vieldeutigkeiten, und man bricht dadurch die Vereinbarung, nach der die Ausdrücke „*Gleichheit*" und „*Identität*" als Synonyme betrachtet werden sollen.

26. Ordnungsbeziehungen; Beispiele von anderen Beziehungen. Eine andere sehr verbreitete Art von Beziehungen bilden diejenigen Beziehungen, die in einer gegebenen Menge M zugleich asymmetrisch, transitiv und konnex sind (man kann zeigen, daß derartige Beziehungen zugleich auch irreflexiv in der Menge M sein müssen). Wir sagen von jeder Beziehung, die die genannten Eigenschaften besitzt, daß sie *die Menge M ordnet* oder daß *die Menge M durch die gegebene Beziehung geordnet wird*. So ist z. B. die Beziehung »ist kleiner als« asymmetrisch in einer beliebigen Menge von Zahlen, denn wenn x und y zwei beliebige Zahlen sind und wenn

$$x < y,$$

so gilt

$$y \text{ nicht} < x;$$

sie ist transitiv, denn die Formeln:

$$x < y \quad \text{und} \quad y < z$$

haben stets:

$$x < z$$

zur Folge; sie ist ferner konnex, denn eine von zwei verschiedenen Zahlen muß kleiner sein als die andere (endlich ist sie irreflexiv, da keine Zahl kleiner als sie selbst ist). Durch die Beziehung »ist kleiner als« wird also jede Menge von Zahlen geordnet; ähnlicherweise ordnet auch die Beziehung »ist größer als« die Mengen von Zahlen.

Ordnungsbeziehungen; Beispiele von anderen Beziehungen.

Wir wollen noch die Beziehung »ist älter als« betrachten. Wie man sich leicht klarmachen kann, ist diese Beziehung irreflexiv, asymmetrisch und transitiv in einer beliebigen Menge von Menschen. Dagegen muß sie nicht konnex sein: es kann zufällig vorkommen, daß zu einer gegebenen Menge zwei Menschen gehören, die genau dasselbe Alter haben, d. i. die in demselben Augenblick zur Welt gekommen sind, zwischen denen also die Beziehung »ist älter als« in keiner Richtung besteht. Wenn es aber in der betrachteten Menge solche Menschen nicht gibt, so darf man behaupten, daß diese Menge von Menschen durch die Beziehung »ist älter als« geordnet wird.

Es sind offenbar zahlreiche Beispiele von Beziehungen bekannt, die keiner der beiden bis jetzt betrachteten Arten angehören. Wir wollen hier zwei Beispiele anführen.

Die Beziehung der Verschiedenheit (Ungleichheit) ist in einer beliebigen Menge von Dingen irreflexiv, da kein Ding von sich selbst verschieden ist; sie ist symmetrisch: wenn

$$x \neq y,$$

so auch

$$y \neq x;$$

sie ist nicht transitiv, da aus den Formeln:

$$x \neq y \quad \text{und} \quad y \neq z$$

die Formel:

$$x \neq z$$

nicht gefolgert werden kann; wie leicht festzustellen, ist sie schließlich konnex.

Die Beziehung der Inklusion zwischen den Mengen, die mit dem Symbol „$\subset$" bezeichnet wird (vgl. 20), ist reflexiv, da jede Menge in sich selbst enthalten ist:

$$M \subset M;$$

sie ist ferner weder symmetrisch noch asymmetrisch, da die Formel:

$$M \subset N$$

die Formel:

$$N \subset M$$

weder impliziert noch sie ausschließt (diese beiden Formeln

sind dann und nur dann zugleich erfüllt, wenn die Mengen M und N identisch sind); nach einem Lehrsatz aus **20** ist ferner die betrachtete Beziehung transitiv, dagegen, wie leicht ersichtlich, ist sie nicht konnex. So unterscheidet sich die Beziehung der Inklusion durch ihre Eigenschaften von allen bisher behandelten Beziehungen.

27. Eindeutige Beziehungen oder Funktionen; die Rolle der Funktionen in der Mathematik selbst sowie in den Anwendungen der Mathematik auf die Naturwissenschaften. Wir wollen noch eine ungemein wichtige Kategorie von Beziehungen hervorheben, nämlich die sog. *Funktionen*. Wir nennen die Beziehung R *eindeutige Beziehung* oder *funktionale Beziehung* (auch *funktionale Abhängigkeit*) oder einfach *Funktion*, wenn jedem Dinge x höchstens ein Ding y entspricht, so daß $x\,R\,y$; mit anderen Worten, wenn die Formeln:

$$x\,R\,y \text{ und } x\,R\,z$$

stets die Formel:

$$y = z$$

zur Folge haben. Die Vorderglieder der Beziehung R, d. i. diejenigen Dinge x, denen tatsächlich Dinge y entsprechen, für die $x\,R\,y$ gilt, werden *Argumentwerte* und die Hinterglieder der Beziehung *Funktionswerte* genannt. Es sei R eine beliebige Funktion und x ein beliebiger Argumentwert; wir bezeichnen jenen einzigen Funktionswert y, der dem Werte x entspricht, mit dem Zeichen „$R\,(x)$"; dementsprechend ersetzen wir die Formel:

$$x\,R\,y$$

durch die Formel:

$$R\,(x) = y.$$

Es hat sich dabei der Gebrauch durchgesetzt, daß nicht die Variablen „R", „S" ... zur Bezeichnung von funktionalen Beziehungen, sondern andere Buchstaben, und zwar „f", „g" ... benützt werden. Wir haben also die Formeln:

$$f\,(x) = y,\ g\,(x) = y\ldots;$$

die Formel:

$$f\,(x) = y$$

wird z. B. folgendermaßen gelesen:

die Funktion f ordnet dem Argumentwerte x den Wert y zu
oder:

y ist derjenige Wert der Funktion f, der dem Argumentwerte x entspricht (bzw. *zugeordnet ist*).

In der Schularithmetik begegnet man oft einer ganz anderen Definition des Funktionsbegriffs; es wird dort nämlich die funktionale Beziehung als eine Beziehung zwischen zwei variablen Größen oder Zahlen gekennzeichnet: zwischen der *unabhängigen* und der *abhängigen Variablen,* die in der Weise voneinander abhängen, daß die Veränderung der ersten eine Veränderung der zweiten bewirkt. Definitionen dieser Art sollten heute schon nicht mehr benützt werden, da sie einer logischen Kritik nicht standhalten: es sind Überreste einer Periode, in der man konstanten Zahlen (oder Größen) variable Zahlen gegenüberzustellen versucht hat (vgl. 1). Derjenige, welcher den Erfordernissen der heutigen Wissenschaft genügen möchte und dabei mit der Tradition nicht völlig brechen will, kann die alte Terminologie beibehalten und neben den Termini „*Argumentwert*" und „*Funktionswert*" entsprechend die Wendungen „*Wert der unabhängigen Variablen*" und „*Wert der abhängigen Variablen*" benützen. — Ferner scheint es schädlich (mindestens im Gebiete der elementaren Mathematik) mit dem Terminus „*Funktion*" auch diejenigen Beziehungen zu bezeichnen, die einem und demselben Dinge x zwei oder mehrere verschiedene Dinge y zuordnen, also die sog. mehrdeutigen Funktionen: es wird dann jeder wesentliche Unterschied zwischen dem Begriff der Funktion und dem allgemeinen Begriff der Beziehung verwischt.

Der Funktionsbegriff spielt eine sehr wesentliche Rolle sowohl in der Mathematik selbst als auch in den Anwendungen der Mathematik auf andere Wissenschaften. Bereits die Elementarmathematik, insbesondere die Arithmetik und die Trigonometrie, liefert unzählige Beispiele von funktionalen Beziehungen. Das einfachste Beispiel einer Funktion stellt die gewöhnliche Identitätsbeziehung dar. Funktional sind ferner die Beziehungen, die durch die Formeln:

$$x + y = 5,$$
$$x^2 = y,$$

$$log_{10}\, x = y,$$
$$sin\, x = y$$

u. v. a. ausgedrückt werden. Wir wollen die zweite dieser Formeln etwas näher betrachten. Jeder Zahl x entspricht nur éine Zahl y, so daß $x^2 = y$; durch die Formel wird also tatsächlich eine funktionale Beziehung ausgedrückt. Argumentwerte der betrachteten Funktion sind beliebige Zahlen, Funktionswerte dagegen nur die nicht negativen Zahlen. Bezeichnen wir diese Funktion mit dem Symbol „f", so nimmt die Formel:

$$x^2 = y$$

die Gestalt:

$$f(x) = y$$

an. „x" und „y" können hier offenbar durch Zeichen ersetzt werden, die bestimmte Zahlen bezeichnen. Da z. B.

$$(-2)^2 = 4$$

gilt, so darf man behaupten, daß

$$f(-2) = 4;$$

4 ist also derjenige Funktionswert von f, der dem Argumentwert -2 entspricht.

Anderseits lernen wir schon im Gebiete der Elementarmathematik verschiedene Beziehungen kennen, die keine Funktionen sind. So ist z. B. die Beziehung zwischen den Zahlen x und y, die durch die Formel:

$$x^2 + y^2 = 25$$

ausgedrückt wird, nicht funktional, da einer und derselben Zahl x zwei verschiedene Zahlen y entsprechen können, für die diese Formel gilt; so entspricht z. B. der Zahl 4 sowohl die Zahl 3 als auch -3. Um so mehr ist die Beziehung »ist kleiner als« keine funktionale Beziehung, da jeder Zahl x unendlich viele Zahlen y entsprechen, so daß

$$x < y.$$

Es gibt ganze Teile der höheren Mathematik, die ausschließlich der Erörterung gewisser Arten von funktionalen Beziehungen gewidmet sind. Eine besonders wichtige Rolle spielen die Funktionen bei der Anwendung der Mathematik auf die Naturwissenschaften. Wenn wir irgendeine Abhängigkeit zwischen zwei Arten von Größen untersuchen, die in der Außenwelt vorkommen, streben wir gewöhnlich danach, dieser Abhängigkeit die Gestalt einer mathematischen Formel zu geben, die es gestatten würde, die Größe der einen Art durch die ihr entsprechende Größe der anderen Art genau zu bestimmen; eine solche Formel stellt immer eine gewisse funktionale Beziehung zwischen den beiden Größenarten dar. Es sei als Beispiel die aus der Physik wohlbekannte Formel:

$$490{,}5 \cdot t^2 = s$$

angeführt, die eine Abhängigkeit zwischen der Fallzeit t (gemessen in sec) irgendeines frei fallenden Körpers und dem von diesem Körper zurückgelegten Wege s (gemessen in cm) feststellt.

28. Die Satz- und Bezeichnungsfunktionen und der neue Funktionsbegriff. Der Funktionsbegriff, den wir jetzt betrachten, darf nicht mit den uns noch aus 2 bekannten Begriffen der Satz- und Bezeichnungsfunktion verwechselt werden. Die Termini *„Satzfunktion"* und *„Bezeichnungsfunktion"* sind — genau genommen — keine Termini aus dem Gebiete der Logik oder Mathematik: sie bezeichnen gewisse Kategorien von Ausdrücken, aus denen logische und mathematische Lehrsätze gebildet werden, nicht aber Dinge, von denen in diesen Lehrsätzen die Rede ist. Der Terminus „*Funktion*" in seinem neuen Sinn ist dagegen ein Ausdruck von rein logischem Charakter; er bezeichnet einen bestimmten Typus von Dingen, die in der Logik und Mathematik betrachtet werden. Es gibt zweifellos einen Zusammenhang zwischen diesen Begriffen, der sich etwa in folgender Weise beschreiben läßt: ist f eine beliebige funktionale Beziehung und x ein beliebiger Argumentwert dieser Funktion, so ist der symbolische Ausdruck „$f(x)$" eine Bezeichnungsfunktion, die, wie wir bereits wissen, denjenigen Funktionswert bezeichnet, welcher dem Argumentwert x zugeordnet ist.

* Wir wollen bei dieser Gelegenheit bemerken, daß man in den Schulbüchern der Arithmetik und Algebra die Termini, die dem Bereich der Mathematik und Logik angehören, nicht genügend scharf denjenigen Termini gegenüberstellt, die nur gewisse in der Mathematik vorkommende Ausdrücke bezeichnen. Jemand, der außer dem Unterricht in der Mittelschule mit der Mathematik und Logik niemals zu tun hatte, ist sich in der Regel dessen nicht bewußt, daß solche Ausdrücke, wie „*Gleichung*", „*Ungleichung*", „*algebraische Summe*", „*Polynom*", „*algebraischer Bruch*", gar nicht zum Gebiete der Mathematik oder Logik gehören, da sie keine Dinge bezeichnen, die in diesen Disziplinen betrachtet werden: die Gleichungen und die Ungleichungen sind gewisse spezielle Satzfunktionen, die algebraischen Summen, die Polynome und die algebraischen Brüche sind dagegen gewisse Spezialfälle von Bezeichnungsfunktionen. Zu der Verwechslung der Begriffe trägt hauptsächlich der Umstand bei, daß die genannten Ausdrücke sowie andere Termini ähnlicher Natur oft beim Formulieren der mathematischen Sätze gebraucht werden. Das ist ein sehr verbreiteter Gebrauch, und vielleicht sollte man ihn nicht besonders stark bekämpfen, da er keine größere Gefahr birgt; es ist aber der Mühe wert sich klarzumachen, daß für jeden mit Hilfe der aufgewiesenen Ausdrücke formulierten Satz eine andere, in logischer Hinsicht korrektere Formulierung angegeben werden kann, in der derartige Ausdrücke gar nicht vorkommen. So kann z. B. der Satz:

die Gleichung: $a \cdot x^2 + b \cdot x + c = 0$ hat höchstens zwei Wurzeln

in einer korrekteren Weise folgendermaßen ausgedrückt werden:

es gibt höchstens zwei Zahlen x, so daß $a \cdot x^2 + b \cdot x + c = 0$;

anstatt:

die Ungleichung: $x < y$ hat zur Folge: $x + z < y + z$

zu behaupten, empfiehlt es sich einfach zu sagen:

wenn $x < y$, so $x + z < y + z$

(vgl. 8). Als weiteres Beispiel wollen wir den Satz von *Leibniz* anführen. Wir haben ihn in vier Formulierungen kennengelernt (vgl. 15 und 19); in den beiden ersten Formulierungen sind außerlogische Ausdrücke aufgetreten, nämlich solche wie „*alles, was man über das Ding x sagen kann*", „*die Satzfunktion, die durch das Ding x erfüllt wird*"; in den weiteren Formulierungen ist es uns aber gelungen, sich dieser Ausdrücke zu entledigen. *

29. Umkehrbare Funktionen und die eineindeutige Zuordnung; die Definition des Begriffes der Gleichzahligkeit. Unter den funktionalen Beziehungen verdienen eine besondere Aufmerksamkeit

Umkehrbare Funktionen und die eineindeutige Zuordnung. 67

die sog. *umkehrbaren Funktionen*, d. i. funktionale Beziehungen, in denen nicht bloß jedem Argumentwert x nur éin Funktionswert y zugeordnet ist, sondern auch umgekehrt: jedem Funktionswert y nur éin Argumentwert x entspricht, so daß

$$f(x) = y.$$

Falls f eine umkehrbare Funktion, M eine beliebige Menge von Argumentwerten und N die Menge der Funktionswerte ist, die den Elementen der Menge M zugeordnet sind, so wollen wir sagen, daß *die Funktion f in eineindeutiger Weise die Menge M auf die Menge N abbildet* oder daß sie *eine eineindeutige Zuordnung zwischen den Elementen der Mengen M und N herstellt*.

Es sollen hier einige Beispiele angegeben werden. Wir betrachten eine beliebige Halbgerade, bezeichnen ihren Anfangspunkt mit „O" und wählen eine gewisse Strecke als Längeneinheit. Es sei ferner M ein beliebiger Punkt, der auf der Halbgeraden liegt. Die Strecke OM kann man bekanntlich messen, d. i. man kann ihr eine bestimmte nicht negative Zahl y zuordnen, welche die Länge dieser Strecke heißt. Da diese Zahl ausschließlich von der Lage des Punktes M abhängt, wollen wir sie mit dem Symbol „$f(M)$" bezeichnen; es gilt folglich:

$$f(M) = y.$$

Aber auch umgekehrt: man kann für jede nicht negative Zahl y genau éine Strecke OM konstruieren, die auf der betrachteten Halbgeraden liegt und deren Länge gleich y ist; mit anderen Worten: es entspricht der Zahl y genau éin Punkt M, so daß

$$f(M) = y.$$

Die Funktion f ist also umkehrbar; sie stellt eine eineindeutige Zuordnung zwischen den Punkten der Halbgeraden und den nicht negativen Zahlen her (ebenso leicht könnte man eine eineindeutige Zuordnung zwischen den Punkten der ganzen Geraden und beliebigen Zahlen herstellen). Ein anderes Beispiel stellt die Beziehung dar, die durch die Formel:

$$-x = y$$

ausgedrückt wird. Dies ist eine umkehrbare Funktion, da jeder Zahl y nur éine Zahl x entspricht, die die angegebene Formel erfüllt; man sieht leicht, daß diese Funktion u. a. die Menge aller positiven Zahlen auf die Menge aller negativen Zahlen in eineindeutiger Weise abbildet. Als letztes Beispiel betrachten wir die Beziehung, die durch die Formel:

$$2 \cdot x = y$$

ausgedrückt wird, vorausgesetzt, daß das Zeichen „x" hier ausschließlich natürliche Zahlen bezeichnet. Es ist wiederum eine umkehrbare Funktion; sie ordnet jeder natürlichen Zahl x eine gerade Zahl $2 \cdot x$ zu; aber auch umgekehrt — jeder geraden Zahl y entspricht genau éine Zahl x, so daß $2 \cdot x = y$, nämlich die Zahl $x = \frac{1}{2} \cdot y$. Hiermit wird durch diese Funktion eine eineindeutige Zuordnung zwischen beliebigen natürlichen Zahlen und geraden Zahlen hergestellt. — Zahlreiche Beispiele von umkehrbaren Funktionen und eineindeutigen Abbildungen können aus der Geometrie geschöpft werden (symmetrische, kollineare Abbildungen usw.).

*Dank dem Umstand, daß wir bereits den Begriff der eineindeutigen Zuordnung zur Verfügung haben, sind wir nun imstande, eine ganz exakte Definition eines Begriffs aufzustellen, den wir früher nur in einer anschaulichen und wenig präzisen Weise zu kennzeichnen vermochten. Es handelt sich hier um den Begriff der Gleichzahligkeit zweier Mengen (vgl. 22). Wir wollen nämlich sagen, daß die Mengen M und N gleichzahlig sind, wenn es eine Funktion gibt, die eine eineindeutige Zuordnung zwischen den Elementen der beiden Mengen herstellt. Auf Grund dieser Definition ergibt sich aus den oben angeführten Beispielen, daß die Menge aller Punkte einer beliebigen Halbgeraden mit der Menge aller nicht negativen Zahlen gleichzahlig ist; ferner ist die Menge aller positiven Zahlen mit der Menge aller negativen Zahlen und die Menge aller natürlichen Zahlen mit der Menge aller geraden Zahlen gleichzahlig. Das letztere Beispiel ist besonders lehrreich: es zeigt, daß eine Menge mit ihrer eigentlichen Teilmenge gleichzahlig sein kann. Manchem Leser wird diese Tatsache auf den ersten Blick ungemein paradox erscheinen: gewöhnlich werden lediglich endliche Mengen in bezug auf die Anzahl ihrer Elemente verglichen und jede endliche Menge ist ja von größerer Mächtigkeit als jede ihrer eigentlichen Teilmengen. Das Paradoxe verschwindet aber, sobald wir uns klarmachen, daß die Menge aller natürlichen Zahlen unendlich ist und daß wir keinesfalls berechtigt sind, den unendlichen Mengen Eigenschaften zuzuschreiben, die wir ausschließlich an endlichen Mengen beobachtet haben. — Es ist bemerkenswert, daß nicht nur die Menge der natürlichen Zahlen, sondern auch jede andere unendliche Menge mit einer ihrer echten Teilmengen gleichzahlig ist. Diese Eigenschaft ist also für die unendlichen Mengen charakteristisch und gestattet, sie von den endlichen Mengen zu unterscheiden: die unendliche Menge kann einfach als Menge definiert werden, die mit einer ihrer echten Teilmengen gleichzahlig ist (mit dieser Definition hängt jedoch eine logische Schwierigkeit zusammen, auf die wir hier nicht eingehen wollen). *

30. Mehrgliedrige Beziehungen; Funktionen von mehreren Variablen und Operationen. Wir haben bisher ausschließlich *zweigliedrige Beziehungen* betrachtet, d. i. Beziehungen, die zwischen zwei Dingen bestehen. Oft jedoch begegnet man in den mathematischen Disziplinen *drei-* und *mehrgliedrigen Beziehungen*. Als typisches Beispiel einer dreigliedrigen Beziehung kann die aus der Geometrie wohlbekannte Beziehung »liegt zwischen« angeführt werden, die zwischen drei Punkten einer Geraden besteht („*der Punkt B liegt zwischen den Punkten A und C*", symbolisch ausgedrückt „$A|B|C$"). Auch die Arithmetik liefert zahlreiche Beispiele dreigliedriger Beziehungen; es genügt hier die Beziehung zwischen drei Zahlen x, y und z zu erwähnen, die darin besteht, daß die dritte Zahl die Summe der beiden ersteren ist:

$$x + y = z,$$

sowie analoge Beziehungen, die durch die Formeln:

$$x - y = z,$$
$$x \cdot y = z,$$
$$x : y = z,$$

ausgedrückt werden. Als Beispiel viergliedriger Beziehungen sei auf die Beziehung hingewiesen, die zwischen den vier Punkten A, B, C und D dann und nur dann besteht, wenn die Entfernung der beiden ersten Punkte der Entfernung der beiden übrigen gleich ist, oder mit anderen Worten: wenn die Strecken AB und CD kongruent sind; ferner auf die Beziehung zwischen vier

Zahlen x, y, z und t, die darin besteht, daß diese Zahlen eine Proportion bilden:
$$x : y = z : t.$$
Aus der Gesamtheit der mehrwertigen Beziehungen empfiehlt es sich, die *mehrgliedrigen eindeutigen Beziehungen* hervorzuheben, die den zweigliedrigen eindeutigen Beziehungen entsprechen. Der Einfachheit halber werden wir uns auf dreigliedrige Beziehungen beschränken. R heißt *dreigliedrige eindeutige Beziehung*, wenn zwei beliebigen Dingen x und y höchstens éin Ding z entspricht, das in dieser Beziehung zu x und y steht. Wir bezeichnen jenes einzige Ding, sofern es überhaupt existiert, entweder mit dem Symbol:
$$R\ (x, y)$$
oder mit dem Symbol:
$$x\ R\ y;$$
um also auszudrücken, daß das Ding z zu den Dingen x und y in der eindeutigen Beziehung R steht, verfügen wir über zwei Formeln:
$$R\ (x, y) = z \quad \text{und} \quad x\ R\ y = z.$$
Dieser zweifachen Symbolik entspricht eine zweifache Ausdrucksweise. Bei der Verwendung der Bezeichnungsweise:
$$R\ (x, y) = z$$
wird die Beziehung R *funktionale Beziehung* oder einfach *Funktion* genannt; um die zweigliedrigen funktionalen Beziehungen von den dreigliedrigen zu unterscheiden, sprechen wir im ersten Fall von *Funktionen von éiner Variablen* oder *Funktionen mit éinem Argument*, im zweiten dagegen von *Funktionen von zwei Variablen* oder *Funktionen mit zwei Argumenten*; ähnlicherweise werden viergliedrige eindeutige Beziehungen *Funktionen von drei Variablen* oder *Funktionen mit drei Argumenten* genannt usw. Zur Bezeichnung von Funktionen mit einer beliebigen Anzahl von Argumenten verwendet man üblicherweise die Variablen „f", „g" ...; die Formel:
$$f\ (x, y) = z$$
wird gelesen:

z ist derjenige Wert der Funktion f, der den Argumentwerten x und y zugeordnet ist.

Die Bedeutung der Logik für die Mathematik. 71

Falls man sich der Symbolik:

$$x\,R\,y = z$$

bedient, nennt man die Beziehung R gewöhnlich *(binäre) Operation*; die soeben angegebene Formel wird gelesen:

z ist das Ergebnis der mit x und y ausgeführten Operation R

(anstatt des Zeichens „R" werden wir in diesem Fall andere Buchstaben, besonders den Buchstaben „O" verwenden). Als Beispiele von Operationen können die vier arithmetischen Grundoperationen dienen: die Addition, die Subtraktion, die Multiplikation und die Division, ferner die im Klassenkalkül betrachteten Operationen mit Mengen: ihre Addition und Durchschnittsbildung (vgl. 22). Der Inhalt der beiden Begriffe: der Funktion (von zwei Variablen) und der (binären) Operation ist offenbar genau derselbe. Es ist vielleicht zu bemerken, daß auch Funktionen von einer Variablen manchmal Operationen (und zwar *uninäre* Operationen) genannt werden; so bezeichnet man z. B. im Klassenkalkül die Komplementsbildung als eine Operation und nicht als eine Funktion.

Obwohl die mehrgliedrigen Beziehungen eine wesentliche Rolle in der Mathematik spielen, so ist die allgemeine Theorie dieser Beziehungen erst in ihrem Anfangsstadium; wenn man von einer Beziehung oder von der Theorie der Beziehungen schlechthin spricht, denkt man in der Regel an zweigliedrige Beziehungen. Näher wurde bisher nur eine gewisse Kategorie von dreigliedrigen Beziehungen untersucht, genauer gesagt: eine Kategorie von binären Operationen, als deren Urbild die gewöhnliche arithmetische Addition dienen kann. Diese Untersuchungen vollziehen sich im Rahmen einer besonderen mathematischen Disziplin, nämlich der *Gruppentheorie*; manche Begriffe aus dem Gebiete der Gruppentheorie werden wir im zweiten Teil dieses Buches kennenlernen.

31. Die Bedeutung der Logik für die Mathematik. Wir haben die wichtigsten logischen Begriffe besprochen, denen man in der Mathematik begegnet; bei dieser Gelegenheit haben wir einige (übrigens sehr wenige) Lehrsätze kennengelernt, die diese Begriffe betreffen. Wir hatten jedoch keine Absicht, die vollständige Liste der logischen Begriffe und Lehrsätze aufzustellen, deren man sich in den mathematischen Disziplinen bedient oder auf die man sich stützt. Dies ist übrigens für das Studium oder das Treiben der Mathematik nicht notwendig. Die Logik wird mit Recht als Basis aller anderen Wissenschaften angesehen, schon aus dem Grunde, weil man in jeder Überlegung mit Begriffen aus dem Gebiet der Logik zu tun hat und weil jedes korrekte Schließen mit den Gesetzen dieser Disziplin übereinstimmt. Daraus folgt aber nicht, daß die genaue Kenntnis der Logik eine notwendige Bedingung für korrektes Denken ist; sogar die Mathematiker vom Fach, die im allgemeinen keine Fehler beim Schließen begehen, kennen gewöhnlich die Logik nicht bis zu diesem Grade, daß sie sich aller logischen Gesetze bewußt werden, auf die sie sich unbewußt stützen. Nichtsdestoweniger unterliegt es keinem Zweifel, daß die Kenntnis der Logik eine große praktische Bedeutung für jeden besitzt, der korrekt zu denken und zu schließen wünscht, da sie die angeborenen oder erworbenen Fähigkeiten dafür verschärft und da sie in besonders kritischen Fällen Fehler zu vermeiden gestattet. Beim Aufbau der Mathematik spielt die Logik auch vom theoretischen Standpunkte aus eine weittragende Rolle; dieses Problem werden wir jedoch erst im nächsten Kapitel besprechen.

Übungsaufgaben.

1. Man gebe Beispiele von Beziehungen an aus dem Gebiete der Arithmetik, der Geometrie, der Physik und des täglichen Lebens.

2. Wir betrachten die Beziehung der Vaterschaft zwischen den Menschen, d. i. die Beziehung, die durch folgende Satzfunktion ausgedrückt wird:

der Mensch M ist Vater des Menschen N.

Sind alle Menschen Vorderglieder dieser Beziehung und sind sie auch alle ihre Hinterglieder?

3. Wie kann man die Formel:

$$2 \cdot x + 3 < x + y + 3$$

vereinfachen? Welche Beziehung zwischen den Zahlen wird also durch diese Formel ausgedrückt?

4. Welche Beziehungseigenschaften, die in 24 besprochen wurden, kommen folgenden Beziehungen zu:

a) der Beziehung der Teilbarkeit in der Menge aller natürlichen Zahlen,

b) der Beziehung »ist relativ prim zu« in der Menge aller natürlichen Zahlen (man nennt bekanntlich zwei natürliche Zahlen relativ prim zueinander, wenn ihr größter gemeinsamer Teiler gleich 1 ist),

c) der Beziehung der Kongruenz in der Menge aller Vielecke,

d) der Beziehung »ist länger als« in der Menge aller Strecken,

e) der Beziehung »steht senkrecht auf« in der Menge aller Geraden einer Ebene,

f) der Beziehung der Gleichzeitigkeit in der Menge aller physikalischen Ereignisse,

g) der Beziehung »ist früher als« in der Menge aller physikalischen Ereignisse,

h) der Beziehung der Verwandtschaft in der Menge aller Menschen,

i) der Beziehung der Vaterschaft in der Menge aller Menschen,

k) der Beziehung des Sichschneidens in der Menge aller geometrischen Figuren,

l) der Beziehung der Elementfremdheit in der Menge aller geometrischen Figuren?

5. Ist jede Beziehung entweder reflexiv oder irreflexiv (in der gegebenen Menge)? symmetrisch oder asymmetrisch? Man gebe Beispiele an.

6. Wir wollen die Beziehung *R intransitiv in der Menge M* nennen, falls sich für jede beliebige drei Elemente x, y und z dieser Menge aus den Formeln:

$$xRy \text{ und } yRz$$

die Formel:

$$x \text{ nicht } R \, z$$

ergibt.

Welche von den in der Übungsaufgabe 4 genannten Beziehungen sind intransitiv? Man gebe andere Beispiele von den intransitiven Beziehungen an. Ist jede Beziehung entweder transitiv oder intransitiv?

74 Über die Relationstheorie.

7. Welche von den in der Übungsaufgabe 4 angegebenen Beziehungen sind zugleich reflexiv, symmetrisch und transitiv? Man gebe andere Beispiele von Beziehungen an, denen diese drei Eigenschaften zugleich zukommen.

* 8. Man zeige, wie man von der Wendung:

die Geraden a und b sind parallel

zu der äquivalenten Wendung:

die Richtungen der Geraden a und b sind identisch

übergehen kann und wie in diesem Zusammenhang der Ausdruck „*die Richtung einer Geraden*" zu definieren ist.

Man führe dieselbe Aufgabe in bezug auf folgende Wendungen aus:

die Strecken AB und CD sind kongruent

und

die Längen der Strecken AB und CD sind gleich.

Was für logischer Lehrsatz wird dabei angewendet?

Anweisung: Man vergleiche die Bemerkungen aus 25 betreffs des Ähnlichkeitsbegriffes.

9. Wir wollen sagen, daß zwei Zeichen oder zwei Ausdrücke, die aus mehreren Zeichen bestehen, *gleichgestaltet* sind, wenn sie sich hinsichtlich ihrer Gestalt nicht unterscheiden, sondern höchstens in bezug auf ihre Lage im Raum voneinander abweichen, z. B. in bezug auf die Stelle, an der sie gedruckt sind; im entgegengesetzten Falle nennen wir sie *verschiedengestaltet*. So treten z. B. in der Formel:

$$x = x$$

auf beiden Seiten des Gleichheitszeichens gleichgestaltete Variablen, in der Formel:

$$x = y$$

dagegen verschiedengestaltete Variablen auf.

Aus wieviel Zeichen besteht die Formel:

$$x + y = y + x?$$

In wieviel Gruppen kann man diese Zeichen einteilen, wenn man zwei gleichgestaltete Zeichen zu derselben Gruppe und zwei verschiedengestaltete Zeichen zu verschiedenen Gruppen zählt?

Welche von den in 24 besprochenen Eigenschaften kommen den Beziehungen der Gleichgestaltigkeit und Verschiedengestaltigkeit zu?

* 10. Auf Grund der in der vorangehenden Übungsaufgabe gewonnenen Ergebnisse erkläre man, warum von gleichgestalteten Zeichen gesagt werden kann, daß sie hinsichtlich ihrer Gestalt gleich sind oder daß sie dieselbe Gestalt haben und wie soll der Terminus „*die Gestalt des gegebenen Zeichens*" definiert werden (vgl. Übungsaufgabe 8)?

Es ist ein verbreiteter Gebrauch, gleichgestaltete Zeichen gleich zu nennen und sie sogar so zu behandeln, als ob sie ein und dasselbe Zeichen wären. Man pflegt z. B. zu sagen, daß in dem Ausdruck:

$$x + x$$

auf beiden Seiten des Zeichens „+" eine und dieselbe Variable auftritt. Wie soll man es exakter ausdrücken?

* 11. Jene unexakte Redeweise, auf die in der Übungsaufgabe 10 aufmerksam gemacht wurde, wird auch von uns selbst mehrfach in diesem Buche gehandhabt (wir wollen ja hier nicht mit tief eingewurzelten Gebräuchen kämpfen). Man zeige solche Unexaktheiten auf S. 8 und 33 auf und gebe an, auf welche Weise man sie vermeiden könnte.

Wir wollen ein anderes Beispiel einer solchen unexakten Redeweise angeben: man spricht von Satzfunktionen mit einer freien Variable und meint damit Funktionen, in denen alle freien Variablen gleichgestaltet sind. Wie kann man die Wendung:

Satzfunktion mit zwei freien Variablen

exakter formulieren?

12. Wir betrachten die Menge aller Kreise, die in derselben Ebene liegen und den gemeinsamen Mittelpunkt haben. Man zeige, daß diese Menge durch die Beziehung »ist echter Teil von« geordnet wird. Würde das stimmen, wenn die Kreise nicht in derselben Ebene lägen oder nicht den gemeinsamen Mittelpunkt hätten?

13. Man gebe ein Beispiel einer solchen Menge von Strecken an, die durch die Beziehung »ist länger als« geordnet wird. Wird durch diese Beziehung die Menge aller Strecken geordnet?

14. Welche Mengen von Menschen werden durch die Beziehung »ist höher als« geordnet?

*15. Man begründe folgenden Lehrsatz aus der Relationstheorie (der eine Verallgemeinerung des in der Übungsaufgabe 3 aus III gewonnenen Ergebnisses darstellt):

Jede Beziehung R, die in der Menge M transitiv ist, erfüllt folgende Bedingung:

sind x, y, z und t beliebige Elemente der Menge M und gilt dabei $x \, R \, y$, $y \, R \, z$ und $z \, R \, t$, so gilt auch $x \, R \, t$.

*16. Beim Beweis des Lehrsatzes V aus 15 haben wir ausschließlich die Lehrsätze III und IV benutzt. Durch eine Verallgemeinerung dieser Schlußweise begründe man folgenden Satz:

Jede Beziehung R, die symmetrisch und transitiv in der Menge M ist, erfüllt zugleich die Bedingung:

(B) sind x, y und z beliebige Elemente der Menge M und gilt dabei $x \, R \, z$ und $y \, R \, z$, so gilt auch $x \, R \, y$.

*17. Als eine Verallgemeinerung der Übungsaufgabe 4 aus III begründe man folgenden Satz:

Jede Beziehung R, die reflexiv in der Menge M ist und die die Bedingung (B) aus der Übungsaufgabe 16 erfüllt, ist zugleich in der Menge M symmetrisch und transitiv.

Man leite aus diesem Satz und aus der Übungsaufgabe 16 folgendes Korollar ab:

Damit die Beziehung R zugleich reflexiv, symmetrisch und transitiv in der Menge M ist, ist es notwendig und hinreichend, daß diese Beziehung reflexiv in der Menge M ist und daß sie die Bedingung (B) aus der Übungsaufgabe 16 erfüllt.

18. Man untersuche, welche von den durch die unten angegebenen Formeln ausgedrückten Beziehungen Funktionen sind (die Zeichen „x" und „y" bezeichnen, wie üblich, Zahlen, die Zeichen „M" und „N" Mengen):

a) $2 \cdot x + 3 \cdot y = 12$,

b) $x^2 = y^2$,

c) $x > y - 3$,

d) $x^2 = y + x$.

e) $M \subset N$,

f) $M' = N$.

19. Wir betrachten die Funktion, die durch die Formel:
$$x^2 + 1 = y$$
ausgedrückt wird. Was ist hier die Menge aller Argumentwerte und was die Menge aller Funktionswerte?

20. Welche von den in der Übungsaufgabe 18 angegebenen Funktionen sind umkehrbar? Man gebe andere Beispiele von umkehrbaren Funktionen an.

*21. Wir betrachten die Funktion, die durch die Formel:
$$y = 3 \cdot x + 1$$
ausgedrückt wird. Man zeige, daß dies eine umkehrbare Funktion ist und daß sie in eineindeutiger Weise das Intervall [0,1] auf das Intervall [1,4] abbildet (vgl. Übungsaufgabe 7 aus IV). Welcher Schluß kann daraus in bezug auf die Gleichzahligkeit jener Intervalle gezogen werden?

*22. Man betrachte die Funktion, die durch die Formel:
$$y = 2^x$$
ausgedrückt wird; nach dem Vorbild der vorangehenden Übungsaufgabe zeige man mit Hilfe dieser Funktion, daß die Menge aller Zahlen mit der Menge aller positiven Zahlen gleichzahlig ist.

*23. Man zeige, daß die Menge aller natürlichen Zahlen mit der Menge aller ungeraden Zahlen gleichzahlig ist.

24. Man gebe Beispiele von mehrgliedrigen Beziehungen aus dem Gebiete der Arithmetik und der Geometrie an.

25. Welche von den durch die folgenden Formeln ausgedrückten dreigliedrigen Beziehungen sind eindeutig:

a) $x + y + z = 0$,

b) $x \cdot y > 2 \cdot z$,

c) $x^2 + y^2 = z^2$,

d) $x^2 + y^2 = z + 2$?

26. Man nenne einige Gesetze der Physik, die das Bestehen einer funktionalen Abhängigkeit zwischen zwei, drei und vier Größen feststellen.

VI. Über die deduktive Methode.

32. Grundprinzipien des Aufbaus der mathematischen Wissenschaften: Grundbegriffe und definierte Begriffe, Axiome und Theoreme; deduktive Methode als charakteristisches Merkmal der Mathematik. Wir werden jetzt die wichtigsten Prinzipien darzulegen versuchen, die beim Aufbau der mathematischen Disziplinen angewendet werden sollen. Die genaue Analyse und kritische Wertung dieser Prinzipien gehört zu den Aufgaben einer besonderen Wissenschaft, nämlich der *Methodologie der Mathematik*. Für jeden, der eine Wissenschaft zu treiben oder zu studieren beabsichtigt, ist es zweifellos wichtig, sich der Methode bewußt zu sein, die man beim Aufbau dieser Wissenschaft verwendet; wir werden sehen, daß die Kenntnis der Methode im Fall der Mathematik von einer besonders weittragenden Bedeutung ist: ohne diese Kenntnis ist es unmöglich, das Wesen der Mathematik zu begreifen.

Die Prinzipien, die wir kennenlernen werden, haben den Zweck, der mathematischen Erkenntnis einen möglichst hohen Grad von Klarheit und Gewißheit zu sichern. Von diesem Gesichtspunkte aus würde eine solche Verfahrungsweise ideal sein, die den Sinn aller in dieser Wissenschaft auftretenden Ausdrücke zu erklären und die Richtigkeit aller ihrer Lehrsätze zu begründen gestattete. Es ist leicht zu ersehen, daß dieses Ideal niemals zu verwirklichen ist. Tatsächlich, wenn man die Bedeutung eines Ausdrucks zu erklären versucht, verwendet man notwendigerweise andere Ausdrücke; um die Bedeutung dieser Ausdrücke zu erklären und dabei einen Zirkel zu vermeiden, muß man wiederum zu neuen Ausdrücken greifen usw. Auf diese Weise beginnt ein Prozeß, der niemals zu Ende gebracht werden kann, ein Prozeß, den man bildlich gesprochen als *Zurückgehen ins Unendliche — regressus in infinitum —* kennzeichnet. Ähnlich ist die Sachlage beim Begründen der mathematischen Sätze: um einen Satz zu begründen, muß man auf andere Sätze zurückgehen, und (wenn

Grundprinzipien des Aufbaus der mathematischen Wissenschaften.

man dabei keinen Zirkel begehen will) verfällt man wiederum in den regressus in infinitum. Als Ausdruck eines Kompromisses zwischen jenem unerreichbaren Ideal und den realen Möglichkeiten haben sich gewisse Prinzipien beim Aufbau mathematischer Disziplinen herausgebildet, die sich auf folgende Weise beschreiben lassen.

Wenn wir an den Aufbau einer gegebenen Disziplin herangehen, zeichnen wir vor allem eine bestimmte kleine Gruppe von Ausdrücken dieser Disziplin aus, die uns ohneweiters verständlich zu sein scheinen; die Ausdrücke dieser Gruppe nennen wir *Grundbegriffe* oder *undefinierte Begriffe* (auch *Grundausdrücke* oder *undefinierte Ausdrücke*) und verwenden sie, ohne ihre Bedeutung zu erklären. Zugleich aber nehmen wir das Prinzip an: keinen von den übrigen Ausdrücken der betrachteten Disziplin, den sog. *abgeleiteten Begriffen (Ausdrücken)* zu verwenden, solange wir nicht seine Bedeutung mit Hilfe von Grundbegriffen und jenen abgeleiteten Begriffen bestimmt haben, deren Bedeutung schon vorher erklärt wurde; der Satz, der eine derartige Bedeutungsbestimmung gibt, heißt bekanntlich *Definition* und die abgeleiteten Begriffe selbst werden auch *definierte Begriffe* genannt.

Ähnlich verfahren wir mit den Lehrsätzen der betrachteten Disziplin. Manche von diesen Sätzen, die uns einleuchtend erscheinen, wählen wir als sog. *Grundsätze* oder *Axiome* und anerkennen sie als wahr, ohne sie irgendwie zu begründen. Dagegen sind wir verpflichtet, alle übrigen Sätze, die sog. *abgeleiteten Lehrsätze* oder *Theoreme*, zu begründen, bevor wir sie als wahr anerkennen, und uns bei dieser Begründung ausschließlich auf die Grundsätze, die Definitionen und jene Lehrsätze zu stützen, die schon vorher begründet wurden; wie bekannt, wird eine derartige Begründung von mathematischen Lehrsätzen *Beweis* genannt.

Die gegenwärtige mathematische Logik ist eine der Disziplinen, die im Einklang mit den oben angegebenen Prinzipien aufgebaut werden (obzwar es im knappen Rahmen des vorliegenden Buches unmöglich war, diese wichtige Tatsache deutlich ans Licht zu bringen). Wenn man diesen Prinzipien gemäß irgendeine andere Disziplin aufbaut, so stützt man sie schon auf die Logik, man setzt sozusagen die Logik voraus. Dies besagt, daß alle Ausdrücke und Lehrsätze aus dem Gebiete der Logik gleichartig mit den Grundbegriffen und Axiomen der aufzubauenden Disziplin behandelt werden: man gebraucht die logischen Termini, z. B. beim Formulieren der Lehrsätze und Definitionen, ohne ihre Bedeutung zu erklären, und man verwendet die logischen Sätze für die Beweise, ohne sie vorher begründet zu haben. Manchmal empfiehlt es sich, beim Aufbau einer Disziplin nicht nur die Logik, sondern auch gewisse schon früher aufgebaute mathematische Theorien in dem eben genannten Sinne vorauszusetzen; der Kürze halber kann man diese Theorien mit der Logik zusammen als die *der gegebenen Disziplin vorangehenden Disziplinen* bezeichnen. So setzt z. B. die Logik selbst keine vorangehende Disziplin voraus; wenn man die Arithmetik als eine besondere mathematische Disziplin aufbaut,[1] so wird die Logik als die einzige vorangehende Disziplin angenommen; wenn man dagegen Geometrie treibt, so ist es vorteilhaft — obgleich nicht notwendig — nicht nur die Logik, sondern auch die Arithmetik vorauszusetzen.

Im Zusammenhang mit den letzten Bemerkungen muß man den vorher dargelegten Prinzipien gewisse Korrekturen hinzufügen: bevor man an den Aufbau einer Disziplin herantritt, soll man diejenigen Disziplinen nennen, die der gegebenen Disziplin vorangehen; alle Forderungen jedoch, die das Definieren von Ausdrücken und das Beweisen von Lehrsätzen betreffen, werden lediglich auf diejenigen Ausdrücke und Lehrsätze angewendet, die *für die gegebene Disziplin spezifisch* sind, d. h. die den vorangehenden Disziplinen nicht angehören.

Die Methode des Aufbaus einer Wissenschaft, die auf der strengen Einhaltung der dargelegten Prinzipien beruht, wird als *deduktive Methode* bezeichnet; die diesen Prinzipien gemäß aufgebauten Disziplinen werden *deduktive Disziplinen* genannt.[2]

---

[1] * Wie bekannt, kann man die Arithmetik auch anders aufbauen, nämlich als einen Teil der Logik (vgl. 22). *

[2] Die deduktive Methode ist nicht eine Errungenschaft der neueren Zeit. Wir finden schon in dem Werk *Elemente* des griechischen Mathematikers *Euklid* (um 300 v. Chr. Geb.) eine Darstellung der Geometrie, der man vom Standpunkte der angegebenen methodologischen Prinzipien nicht viel vorwerfen kann. Während 2200 Jahre war für die Mathematiker das Werk von *Euklid* das Ideal und Vorbild der wissenschaftlichen Exaktheit. Ein wesentlicher Fortschritt auf diesem Gebiete erfolgte erst in den letzten 50 Jahren, in welcher Periode die grundlegenden mathematischen Disziplinen, die Geometrie und Arithmetik, allen Forderungen der gegenwärtigen Methodologie der Mathematik gemäß begründet wurden.

Formaler Charakter der mathematischen Disziplinen. 81

Immer mehr verbreitet sich die Anschauung, daß *die deduktive Methode das einzige wesentliche Merkmal bildet, das die mathematischen Disziplinen von allen übrigen Wissenschaften zu unterscheiden gestattet*: nicht nur ist jede mathematische Disziplin eine deduktive Wissenschaft, sondern auch umgekehrt jede deduktive Wissenschaft ist eine mathematische Disziplin (dieser Anschauung gemäß soll auch die deduktive Logik zu den mathematischen Disziplinen gezählt werden). Wir werden hier nicht die erwähnte Anschauung begründen, wir wollen nur bemerken, daß wichtige Argumente zu ihrer Stützung angeführt werden können.

33. Formaler Charakter der mathematischen Disziplinen, Modell und Interpretation eines Axiomensystems. *Es wird oft vom *formalen Charakter der Mathematik* und aller mathematischen Überlegungen gesprochen; es werden darunter gewisse spezifische Eigenschaften mathematischer Disziplinen gemeint, die aus einer konsequenten Anwendung der deduktiven Methode folgen und die wir hier ganz kurz beschreiben wollen.

Jede mathematische Disziplin stützt sich auf ein entsprechend ausgewähltes System von Grundbegriffen und Axiomen. Die Grundbegriffe werden als unmittelbar verständlich angesehen; ihre Bedeutung soll in uns keine Zweifel erwecken. Unser Wissen von Dingen, die durch diese Ausdrücke bezeichnet werden, kann sehr umfassend sein und muß keinesfalls durch die angenommenen Axiome erschöpft werden. Dieses Wissen aber ist unsere Privatangelegenheit, die nicht den mindesten Einfluß auf den Aufbau der gegebenen Disziplin ausübt. Wenn wir z. B. auf Grund von Axiomen irgendein Theorem beweisen, machen wir aus diesem Wissen keinen Gebrauch und benehmen uns so, als ob wir den Inhalt von Begriffen, auf die sich unsere Überlegungen beziehen, gar nicht verstünden, als ob wir über sie nur das wüßten, was in den Axiomen ausdrücklich behauptet wurde; wir sehen — wie man es gewöhnlich ausdrückt — von der Bedeutung der von uns angenommenen Grundbegriffe ab und lenken unsere Aufmerksamkeit ausschließlich auf die Form der Axiome, in denen diese Begriffe auftreten.

Wir wollen versuchen, dies noch anders, vielleicht etwas exakter zu fassen. Stellen wir uns vor, daß in den Axiomen und Theoremen der aufzubauenden Disziplin die Grundbegriffe überall durch entsprechende Variablen ersetzt würden (um die Überlegungen einfacher zu gestalten, beachten wir hier solche Lehrsätze nicht, in denen definierte Begriffe auftreten). Die Lehrsätze der betrachteten Disziplin sind dann nicht mehr Sätze: sie werden zu Satzfunktionen, die als freie Variablen diejenigen Zeichen enthalten, welche an Stelle der Grundbegriffe gesetzt wurden. Wenn man nun diese oder jene Dinge betrachtet, kann man nachprüfen, ob sie das in obiger Weise umgestaltete Axiomensystem erfüllen, d. i. ob die Bezeichnungen jener Dinge, an Stelle der freien Variablen eingesetzt, die Axiome zu wahren Sätzen machen (vgl. 2); wenn es sich zeigt, daß es tatsächlich so ist, so wollen wir sagen, daß die betrachteten Dinge ein *Modell des gegebenen Axiomensystems* bilden. Ein solches Modell bilden z. B. Dinge, die durch die Grundbegriffe bezeichnet werden. Dieses Modell wird jedoch beim Aufbau der Disziplin den übrigen Modellen gegenüber keineswegs bevorzugt; wenn wir aus den Axiomen dieses oder jenes Theorem ableiten, denken wir gar nicht an spezifische Eigenschaften dieses Modells — im Gegenteil, es folgt aus unserer Schlußweise, daß das bewiesene Theorem nicht nur durch dieses spezielle Modell, sondern auch durch jedes andere Modell des betrachteten Axiomensystems erfüllt werden muß.

Diese Tatsache ist von einer großen praktischen Bedeutung. Wir sind ja gewöhnlich imstande, für das Axiomensystem irgendeiner mathematischen Disziplin mehrere verschiedene Modelle aufzuzeigen, ohne sogar das Gebiet der Mathematik zu überschreiten. Um ein solches Modell zu erhalten, genügt es, gewisse Konstanten aus dem Gebiet irgendeiner anderen mathematischen Disziplin zu wählen, sie überall in den Axiomen an Stelle der Grundbegriffe einzusetzen und zu zeigen, daß die auf diese Weise gewonnenen Sätze Lehrsätze dieser anderen Disziplin sind. Wir sagen dann, daß *das Axiomensystem der ursprünglich betrachteten Disziplin eine Interpretation in der anderen Disziplin gefunden hat* (insbesondere kann es vorkommen, daß die verwendeten Konstanten in das Gebiet der ursprünglich betrachteten Disziplin gehören, wobei manche Grundbegriffe unverändert bleiben und die anderen durch definierte Begriffe ersetzt werden könnten; wir wollen in diesem Fall sagen, daß das untersuchte Axiomensystem eine neue Interpretation in der von uns betrachteten Disziplin gefunden hat). Einer analogen Umbildung wollen wir ferner

Formaler Charakter der mathematischen Disziplinen. 83

die Theoreme der ursprünglichen Disziplin unterziehen, d. i. die Grundausdrücke werden in ihnen überall durch jene Konstanten ersetzt, die bei der Interpretation der Axiome verwendet wurden. Auf Grund der vorher gemachten Bemerkungen können wir dann von vornherein dessen sicher sein, daß alle auf diesem Wege gewonnenen Sätze sich als Lehrsätze der neuen Disziplin erweisen werden. Es ist überflüssig, einen besonderen Beweis für irgendeinen dieser Sätze anzugeben; übrigens ist es eine Aufgabe rein mechanischer Natur: es reicht aus, die entsprechende Überlegung aus dem Gebiet der ursprünglichen Disziplin zu übertragen und sie dabei denselben Umformungen zu unterziehen, die vorher an den Axiomen und Theoremen durchgeführt wurden. In jedem mathematischen Beweis steckt — gleichsam in potenzieller Weise — eine unbeschränkte Anzahl anderer analoger Beweise.

Das alles eben meint man, wenn man vom formalen Charakter der Mathematik spricht. Die wichtigste Folgerung, zu der wir gelangt sind, kann in folgenden Worten gefaßt werden: *alle auf Grund eines angenommenen Axiomensystems bewiesenen Sätze bleiben bei jeder Interpretation dieses Systems gültig.* Diese Tatsache zeugt zweifellos davon, was für einen Wert die deduktive Methode vom Gesichtspunkt der Ökonomie des menschlichen Denkens besitzt; sie ist auch von weittragender theoretischer Bedeutung, da sie — wie wir im zweiten Teil des Buches sehen werden — eine Grundlage für verschiedene Überlegungen und Untersuchungen aus dem Gebiete der Methodologie der Mathematik bildet. — Der Genauigkeit wegen wollen wir bemerken, daß sich die eben skizzierten Betrachtungen auf jede mathematische Theorie anwenden lassen, bei deren Aufbau die Logik vorausgesetzt wird, dagegen bringt die Anwendung dieser Bemerkungen auf die Logik selbst manche Schwierigkeiten mit sich, die wir hier nicht erörtern möchten.

Von Zeit zu Zeit begegnet man Behauptungen, deren — im Grunde richtige — Tendenz darin besteht, den formalen Charakter der mathematischen Wissenschaften zu betonen, die aber ihrer paradoxen und übertriebenen Form wegen zu einer Quelle der Unklarheit und der Verwechslung von Begriffen werden können. So hört man z. B. und manchmal sogar liest man es, daß den mathematischen Begriffen kein bestimmter Inhalt zugeschrieben

6*

werden soll, daß wir in der Mathematik nicht wissen, worüber wir eigentlich sprechen, und daß wir auch nicht wissen, ob das, was ausgesagt wird, wahr ist. Solchen Urteilen gegenüber soll man sich entsprechend kritisch verhalten. Wenn man sich beim Aufbau einer Disziplin so verhält als ob man die Bedeutung der Termini dieser Disziplin nicht verstünde, so ist es noch lange nicht dasselbe, wie jenen Termini jede Bedeutung abzusprechen. Es ist zwar manchmal der Fall, daß wir beim Aufbau einer deduktiven Theorie ihren Grundbegriffen keine bestimmte Bedeutung zuschreiben, daß wir uns diesen Ausdrücken wie Variablen gegenüber verhalten und die betrachtete Theorie — wie man zu sagen pflegt — als *formales System* behandeln. Es ist dies aber ein relativ seltener Fall (so daß wir ihn sogar bei der allgemeinen Charakteristik der deduktiven Disziplinen, die in 32 angegeben wurde, nicht berücksichtigt haben) und kommt dann vor, wenn man imstande ist, für das Axiomensystem der gegebenen Theorie eine Reihe von Interpretationen aufzuzeigen, d. i. eine Reihe von Möglichkeiten, den in dieser Theorie vorkommenden Termini eine konkrete Bedeutung zuzuschreiben, wobei man aber keine dieser Möglichkeiten von vornherein bevorzugen will. Ein formales System dagegen, für das wir nicht eine einzige Interpretation anzugeben vermöchten, würde vermutlich niemanden interessieren. *

34. Beispiele von Interpretationen der Axiomensysteme. *Da die Überlegungen aus dem vorangehenden Paragraphen ziemlich kompliziert und abstrakt erscheinen können, so sollen sie vielleicht an konkreten Beispielen veranschaulicht werden.

Stellen wir uns vor, daß uns allgemeine Lehrsätze über die Kongruenz von Strecken interessieren und daß wir es beabsichtigen, dieses Bruchstück der Geometrie als eine besondere mathematische Theorie aufzubauen. Wir setzen demnach fest, daß die Variablen „x", „y", „z" ... Strecken bezeichnen. Als Grundbegriffe wählen wir die Zeichen „S" und „$\cong$"; das erste von ihnen ist eine Abkürzung des Ausdrucks „*die Menge aller Strecken*", das zweite soll die Beziehung der Kongruenz bezeichnen. Die Formel:

$$x \in S$$

wird also in folgender Weise gelesen: „*x gehört zur Menge aller Strecken*" oder einfach: „*x ist eine Strecke*"; die Formel:

$$x \cong y$$

Beispiele von Interpretationen der Axiomensysteme. 85

besagt, daß die Strecken x und y kongruent sind.

Wir nehmen ferner nur zwei Axiome an:

Axiom I. *Wenn $x \in S$, so $x \cong x$ (mit anderen Worten: jede Strecke ist sich selbst kongruent).*

Axiom II. *Wenn $x \in S$, $y \in S$, $z \in S$, $x \cong z$ und $y \cong z$, so $x \cong y$ (mit anderen Worten: sind zwei gegebene Strecken einer dritten kongruent, so sind sie auch zueinander kongruent).*

Aus den obigen Axiomen lassen sich verschiedene Lehrsätze über die Kongruenz der Strecken ableiten, wie z. B.:

Theorem I. *Wenn $y \in S$, $z \in S$ und $y \cong z$, so $z \cong y$.*

Theorem II. *Wenn $x \in S$, $y \in S$, $z \in S$, $x \cong y$ und $y \cong z$, so $x \cong z$.*

Die Beweise dieser beiden Sätze sind sehr leicht. Wir wollen beispielsweise den Beweis des ersten skizzieren.

Ersetzt man in Axiom II „x" durch „z", so erhält man:

wenn $y \in S$, $z \in S$, $z \cong z$ und $y \cong z$, so $z \cong y$.

In der Voraussetzung dieses Satzes tritt die Formel:

$$z \cong z$$

auf, die wegen Axiom I zweifellos richtig ist; sie kann also weggelassen werden. Auf diese Weise gewinnt man sogleich den Satz, um den es sich handelt.

In der durchgeführten Überlegung haben wir uns ausschließlich auf jene Eigenschaften der Kongruenzbeziehung zwischen Strecken gestützt, die in den Axiomen I und II ausdrücklich angegeben wurden. Wir haben dagegen unser ganzes umfangreiches Wissen von der Kongruenz der Strecken, das durch diese beiden Axiome keineswegs erschöpft wird, gar nicht benützt; mit anderen Worten: das spezielle Modell des angenommenen Axiomensystems, das durch die Menge aller Strecken und die Beziehung der Kongruenz zwischen den Strecken gebildet ist, hat in unserem Beweise keine bevorzugte Rolle gespielt. Das gibt die Gewähr, daß das Theorem I — wie auch übrigens das Theorem II und jeder andere Satz, der auf Grund des betrachteten Axiomensystems in korrekter Weise begründet wird, — seine Geltung bei jeder Interpretation dieses Systems behält.

Und man kann unzählig viele derartige Interpretationen aufzeigen. Wir wollen uns hier mit zwei Beispielen begnügen. Wir bezeichnen mit dem Buchstaben „D" die Menge aller Dinge; wir ersetzen in den Axiomen I und II überall das Zeichen „S" durch „D" und das Kongruenzzeichen „$\cong$" durch das Identitätszeichen „$=$". Wie leicht ersichtlich, werden dann die Axiome zu wahren Sätzen der Logik (es sind dies — in einer etwas modifizierten Formulierung — die Lehrsätze II und V aus 15). Die Menge aller Dinge und die Identitätsbeziehung bilden also ein Modell des von uns angenommenen Axiomensystems, dieses Axiomensystem hat eine Interpretation innerhalb der Logik gefunden. Wenn wir also in den Theoremen I und II die Zeichen „D" und „$=$" an Stelle von „S" und „$\cong$" einsetzen, so werden wir sicher wiederum wahre Sätze der Logik gewinnen (wir kennen sie schon von früher her: vgl. die Lehrsätze III und IV aus 15). Es sei ferner Zl die Menge aller Zahlen. Wir wollen die Zahlen x und y äquivalent nennen und dies mittels der Formel:

$$x \equiv y$$

ausdrücken, falls die Differenz $x - y$ eine ganze Zahl ist (es gilt also z. B.: $1\frac{3}{4} \equiv 5\frac{3}{4}$, dagegen ist es nicht wahr, daß $3\frac{1}{2} \equiv 2\frac{1}{4}$). Ersetzt man nun in den beiden Axiomen die Grundbegriffe entsprechend durch „Zl" und „$\equiv$", so erhält man, wie leicht zu erweisen, wahre Lehrsätze aus dem Gebiete der Arithmetik. Das betrachtete Axiomensystem besitzt also eine Interpretation in der Arithmetik, die Menge aller Zahlen und die Beziehung der Äquivalenz zwischen Zahlen bilden ein Modell dieses Systems. Deshalb können wir, ohne eine besondere Überlegung durchzuführen, von vornherein dessen sicher sein, daß wir wiederum zu wahren Sätzen aus dem Gebiete der Arithmetik kommen, falls wir die Theoreme I und II einer analogen Umformung unterziehen.

Es sind verschiedene Beispiele von Interpretationen der Axiomensysteme bekannt, die viel interessanter und wichtiger sind als die oben angegebenen. So läßt sich z. B. das Axiomensystem der Arithmetik in der Geometrie interpretieren: man kann auf einer beliebigen Geraden solche Beziehungen zwischen Punkten und solche Operationen mit Punkten definieren, die alle Axiome der Arithmetik erfüllen und deshalb auch alle ihre Lehrsätze, welche entsprechende Beziehungen zwischen Zahlen und Operationen mit Zahlen betreffen (dies hängt unmittelbar mit einem Umstand zusammen, den wir in 29 erwähnt haben, und zwar mit der Möglichkeit, eine eineindeutige Zuordnung zwischen allen Punkten einer Geraden und allen Zahlen herzustellen). Umgekehrt besitzt das Axiomensystem der Geometrie eine Interpretation in der Arithmetik. Aus diesen beiden Tatsachen kann in verschiedener Weise Nutzen gezogen werden: man kann sich z. B. der geometrischen Gebilde bedienen, um verschiedene Tatsachen aus dem Gebiete der Arithmetik zu veranschaulichen, — darin besteht die sog. graphische Methode; man kann ferner die geometrischen Tatsachen mit Hilfe von arithmetischen und algebraischen Methoden untersuchen — es gibt sogar einen besonderen Zweig der Geometrie, nämlich die analytische Geometrie, die alle derartigen Untersuchungen umfaßt.

Wir haben seinerzeit erfahren, daß die Arithmetik sich als ein Teil der Logik begründen läßt (22). Wenn wir aber die Arithmetik als eine selbständige deduktive Disziplin behandeln, die sich auf ihre eigenen Grundbegriffe und Axiome stützt, so läßt sich ihre Beziehung zur Logik in folgender Weise ausdrücken: das Axiomensystem der Arithmetik besitzt eine Interpretation in der Logik (aber nur unter der Bedingung, daß das Unendlichkeitsaxiom in die Logik eingegliedert wird, — vgl. 22); mit anderen Worten: man kann innerhalb der Logik solche Begriffe definieren, die alle Axiome und demzufolge auch alle Theoreme der Arithmetik erfüllen. Wenn wir in Betracht ziehen, daß das Axiomensystem der Geometrie in der Arithmetik interpretiert werden kann, so kommen wir zum Schluß, daß auch dieses Axiomensystem eine Interpretation in der Logik besitzt. Dies sind Tatsachen, die vom methodologischen Gesichtspunkte aus großes Gewicht haben.*

35. Die Willkürlichkeit in der Auswahl von Axiomen und Grundbegriffen; Postulate der Unabhängigkeit. Wir wollen jetzt einige Probleme speziellerer Natur besprechen, die aber fundamentale Komponenten der deduktiven Methode, nämlich die Auswahl von Grundbegriffen und Axiomen sowie die Konstruktion von Definitionen und Beweisen betreffen.

Man muß sich vor allem klarmachen, daß man bei der Auswahl von Grundbegriffen und Axiomen eine ziemlich große Freiheit hat; es wäre ein Irrtum zu glauben, daß gewisse Ausdrücke auf keine mögliche Weise definiert werden können und daß es prinzipiell unmöglich ist, gewisse Sätze zu beweisen. Wir wollen zwei Systeme von Sätzen einer gegebenen Disziplin *äquivalent* nennen, wenn jeder Satz des ersten Systems ausschließlich mit Hilfe von Sätzen des zweiten Systems sowie mit Hilfe von Lehrsätzen der vorangehenden Disziplinen bewiesen werden kann und wenn auch umgekehrt jeder Satz des zweiten Systems sich aus den Sätzen des ersten Systems ableiten läßt (falls irgendwelche Sätze zugleich in beiden Systemen auftreten, so brauchen sie offenbar nicht abgeleitet zu werden). Stellen wir uns ferner vor, daß wir eine mathematische Disziplin auf irgendein bestimmtes Axiomensystem gegründet haben und bei weiterem Aufbau irgendeinem System von Lehrsätzen begegnet sind, das in dem eben angegebenen Sinne mit dem von uns angenommenen Axiomensystem äquivalent ist (* ein konkretes Beispiel dafür kann aus jener fragmentarischen Theorie der Kongruenz von Strecken entnommen werden, von der in 34 die Rede war: wie leicht zu erweisen, ist das oben angeführte Axiomensystem jener Theorie dem Satzsystem äquivalent, das aus dem Axiom I sowie aus den Theoremen I und II besteht *). Vom theoretischen Standpunkt aus kann man dann die ganze Disziplin in der Weise umbauen, daß man die Sätze des neuen Systems als Axiome annimmt und die früheren Axiome als Theoreme beweist. Sogar der Umstand, daß die neuen Axiome anfangs in viel kleinerem Grade als die früheren den Charakter der unmittelbaren Evidenz haben können, ist nicht wesentlich: jeder Satz wird bis zu einem gewissen Grade evident, sobald es gelungen ist, ihn in überzeugender Weise aus anderen evidenten Sätzen abzuleiten. Dies alles betrifft auch — mutatis mutandis — die Grundbegriffe der mathematischen Disziplinen: man darf das System dieser Ausdrücke durch jedes andere System von Ausdrücken der gegebenen Wissenschaft ersetzen, falls nur diese zwei Systeme *äquivalent* sind, d. i. falls sich nur jeder Ausdruck des ersten Systems ausschließlich mit Hilfe von Ausdrücken des zweiten Systems (und Ausdrücken, die man aus den vorangehenden Disziplinen geschöpft hat) definieren läßt und umgekehrt. Nicht theoretische, prinzipielle Gründe entscheiden über die Auswahl eines bestimmten Systems von Grundbegriffen und Axiomen aus der Gesamtheit aller möglichen äquivalenten

Systeme, sondern es spielen hier andere Momente eine Rolle — praktische, didaktische, ja sogar ästhetische: manchmal handelt es sich darum, möglichst einfache Grundbegriffe und Axiome zu gewinnen, manchmal darum, daß ihre Anzahl möglichst klein sei, ein anderes Mal liegt uns wiederum daran, daß die angenommenen Grundbegriffe und Axiome es gestatten, auf möglichst leichte Weise diejenigen Begriffe der gegebenen Disziplin zu definieren und diejenigen Lehrsätze zu begründen, die uns interessieren.

Eng an diese Bemerkungen knüpft sich noch ein Problem. Im Prinzip streben wir danach, daß das Axiomensystem keinen einzigen überflüssigen Satz enthält, d. i. keinen Satz, der aus den übrigen Axiomen abgeleitet und deshalb zu den Theoremen der aufzubauenden Disziplin gezählt werden könnte; ein solches Axiomensystem wird *unabhängig* (oder *System von gegenseitig unabhängigen Axiomen*) genannt. Wir sorgen auch dafür, daß das System von Grundbegriffen *unabhängig* ist, d. i. keinen überflüssigen Ausdruck enthält, den man mit Hilfe der übrigen Ausdrücke definieren könnte. Man verzichtet aber ziemlich oft auf diese methodologischen Postulate aus gewissen praktischen, und zwar didaktischen Gründen; es betrifft in erster Linie derartige Fälle, in welchen das Weglassen eines überflüssigen Axioms oder Grundbegriffs große Komplikationen im Aufbau der Disziplin verursachen könnte.

36. Postulate der Formalisierung von Definitionen und Beweisen, formalisierte deduktive Disziplinen. Die deduktive Methode wird mit gutem Grund als die vollkommenste aller Methoden angesehen, die zum Aufbau einer Wissenschaft verwendet werden: sie schafft in hohem Maße die Möglichkeit von Unklarheiten und Irrtümern weg, ohne dabei in einen regressus in infinitum zu fallen; dank der Anwendung dieser Methode werden allerlei Zweifel, die sich auf den Inhalt der Begriffe und die Wahrheit der Lehrsätze der aufzubauenden Wissenschaft beziehen, bedeutsam verringert und können höchstens die wenigen Grundbegriffe und Axiome betreffen.

Allerdings ist hier ein Vorbehalt nötig. Die Anwendung der deduktiven Methode wird nur dann die gewünschten Resultate ergeben, wenn alle Definitionen und Beweise ihre Aufgabe vollkommen erfüllen, wenn uns also die Definitionen den Sinn der zu

definierenden Begriffe restlos erklären und die Beweise von der
Richtigkeit der zu begründenden Sätze überzeugen. Es ist nicht
leicht nachzuprüfen, ob die Definitionen und Beweise tatsächlich
diesen Forderungen genügen; es ist z. B. ganz möglich, daß eine
Überlegung, die einem Menschen völlig überzeugend erscheint,
einem anderen nicht einmal verständlich ist. Um jeden Zweifel
aus diesem Gebiet zu beseitigen, ist die heutige Methodologie dahin
bestrebt, die subjektive Wertung bei der Nachprüfung von
Definitionen und Beweisen durch Kriterien objektiver Natur zu
ersetzen und die Korrektheit von Definitionen und Beweisen ausschließlich
von ihrer Struktur, d. i. von ihrer äußeren Form, abhängig
zu machen. Zu diesem Zwecke werden spezielle *Regeln des
Definierens und des Beweisens* angegeben, d. i. Regeln, die belehren,
was für eine Gestalt die Sätze haben sollen, die in der
betrachteten Disziplin als Definitionen angenommen werden, und
was für Umformungen Lehrsätze dieser Disziplin unterzogen
werden können, wenn man aus ihnen andere Lehrsätze ableitet;
jede Definition muß in Übereinstimmung mit den Definitionsregeln
aufgebaut werden und jeder Beweis muß *vollständig* sein,
d. i. in einer aufeinander folgenden Anwendung von Schlußregeln
auf Sätze, die schon vorher als wahr anerkannt wurden, bestehen
(vgl. 10 und 13). — Diese neue methodologischen Postulate kann
man als *Postulate der Formalisierung von Definitionen und Beweisen*
bezeichnen; eine Disziplin, die in Übereinstimmung mit den
neuen Postulaten aufgebaut ist, wird *formalisierte deduktive
Disziplin* genannt.[1]

* Durch die Postulate der Formalisierung wird der formale
Charakter der Mathematik bedeutsam verschärft. Schon früher
sollte beim Aufbau einer mathematischen Disziplin von der Bedeutung
aller für diese Disziplin spezifischen Ausdrücke abgesehen
werden, man mußte sich so benehmen, als ob an Stelle dieser Ausdrücke
Variablen stehen würden, die jedes selbständigen Sinnes
entbehren. Dagegen durfte man den logischen Begriffen ihren
gewöhnlichen, üblichen Inhalt zuschreiben; im Zusammenhang

---

[1] Die ersten Versuche, die deduktiven Disziplinen in formalisierter
Gestalt darzustellen, stammen von dem hier schon zweimal zitierten
Logiker *Frege* (vgl. S. 14, Anm. [1]). Auf ein sehr hohes Niveau wurde
der Prozeß der Formalisierung in den Arbeiten des gegenwärtigen
polnischen Logikers *S. Leśniewski* geführt.

Postulate der Formalisierung von Definitionen und Beweisen. 91

damit konnte man die Axiome und Theoreme einer mathematischen Disziplin, wenn auch nicht als Sätze, so mindestens als Satzfunktionen behandeln, also als Ausdrücke, die die grammatische Form der Sätze haben und gewisse Eigenschaften von Dingen oder Beziehungen zwischen Dingen ausdrücken. Ein Theorem aus angenommenen Axiomen (oder Theoremen, die schon früher bewiesen wurden) abzuleiten hieß soviel wie in überzeugender Weise zu zeigen, daß alle Dinge, die die Axiome erfüllen, auch das zu begründende Theorem erfüllen müssen; die mathematischen Beweise wichen nicht allzusehr von den Überlegungen aus dem täglichen Leben ab. Nun soll man ausnahmslos vom Sinn aller Ausdrücke, denen man in der gegebenen Disziplin begegnet, absehen; man soll sich beim Aufbau der Wissenschaft so benehmen, als ob ihre Sätze Schriftzeichenreihen wären, die jedes Inhalts entbehren; jeder Beweis besteht darin, daß man Axiome oder Theoreme, die schon früher bewiesen wurden, einer Reihe von rein äußerlichen Umformungen unterzieht. *

Im Lichte der heutigen Forderungen wird die Logik zur Basis der mathematischen Disziplinen in einem viel wesentlicheren Sinne, als sie es früher war. Wir dürfen uns nicht mehr mit der Überzeugung begnügen, daß wir — dank der angeborenen oder erworbenen Fähigkeit zum korrekten Denken — den logischen Regeln gemäß Überlegungen anstellen. Um einen vollständigen Beweis eines Satzes anzugeben, muß man die durch die Regeln des Beweisens vorgeschriebenen Umformungen nicht nur an Sätzen der Disziplin, die wir treiben, sondern auch an Sätzen der Logik (und anderer vorangehenden Disziplinen) durchführen; dazu muß man aber über eine vollständige Liste der logischen Lehrsätze verfügen, die ihre Anwendung in den Beweisen finden.

Nur dank der Entwicklung der deduktiven Logik sind wir schon heute theoretisch imstande, jede mathematische Disziplin in formalisierter Gestalt darzustellen. In der Praxis aber verursacht dies zur Zeit noch große Komplikationen: was eine Darstellung an Strenge und methodologischer Korrektheit gewinnt, verliert sie an Faßlichkeit und Durchsichtigkeit. Das ganze Problem ist ja ziemlich neu, die betreffenden Untersuchungen sind noch nicht definitiv abgeschlossen, und man darf hoffen, daß ihre weitere Entwicklung bedeutsame Vereinfachungen mit sich bringen wird. Es wäre also verfrüht, schon heute den Postulaten der Formalisierung in einer populären Darstellung irgendeines Teiles der Mathematik Genüge zu leisten. Im besonderen würde es nicht vernünftig sein zu fordern, daß die Beweise von Sätzen in einem gewöhnlichen Lehrbuch irgendeiner mathematischen Disziplin in vollständiger Gestalt angegeben werden sollten; man darf jedoch vom Verfasser des Lehrbuches fordern, er möge die innere Gewißheit haben, daß alle seine Beweise sich auf diese Gestalt bringen lassen, wie auch, er möge die Überlegungen bis zu diesem Grade genau durchführen, daß die Ausfüllung der noch gebliebenen Lücken wenigstens denjenigen Lesern nicht besondere Schwierigkeiten bereite, die im deduktiven Denken geübt sind und eine hinreichende Kenntnis der gegenwärtigen Logik besitzen.

37. Das Problem der Widerspruchsfreiheit und der Vollständigkeit von mathematischen Disziplinen. Die Schlußbemerkungen dieses Kapitels wollen wir zwei methodologischen Begriffen widmen, die vom theoretischen Gesichtspunkt aus ungemein wichtig sind, die aber in praktischer Hinsicht einer größeren Bedeutung entbehren, und zwar den Begriffen der *Widerspruchsfreiheit* und der *Vollständigkeit*.[1]

Man nennt eine deduktive Disziplin *widerspruchsfrei*, wenn keine zwei Lehrsätze dieser Disziplin einander widersprechen oder mit anderen Worten: wenn von zwei beliebigen sich widersprechenden Sätzen (vgl. 7) mindestens éin Satz in der gegebenen Disziplin nicht bewiesen werden kann. Man nennt dagegen eine Disziplin *vollständig*, wenn von zwei beliebigen sich widersprechenden und ausschließlich mit Hilfe von Ausdrücken der betrachteten Disziplin und der ihr vorangehenden Disziplinen for-

---

[1] Auf die Tragweite dieser Begriffe (besonders des Begriffs der Widerspruchsfreiheit) machte der große deutsche Mathematiker der Gegenwart *D. Hilbert* aufmerksam, der besondere Verdienste auf dem Gebiete der Untersuchungen über die Grundlagen der Mathematik hat. Dank seiner Anregung wurden in den letzten Jahren die Begriffe der Widerspruchsfreiheit und der Vollständigkeit Gegenstand intensiver Untersuchungen einer ganzen Reihe gegenwärtiger Mathematiker und Logiker. Als Einleitung zu diesen Arbeiten können Abhandlungen dienen, die von *Hilbert* selbst stammen und im Anhang der 7. Auflage seines bekannten Buches: *Grundlagen der Geometrie* (Leipzig und Berlin 1930) veröffentlicht wurden.

Das Problem der Widerspruchsfreiheit und der Vollständigkeit. 93

mulierten Sätzen mindestens éin Satz in dieser Disziplin bewiesen werden kann. Diese beiden Termini: „*widerspruchsfrei*" und „*vollständig*" werden nicht nur auf die Disziplin selbst, sondern auch auf das Axiomensystem bezogen, das der betrachteten Disziplin zugrunde liegt.

Versuchen wir uns nun klarzumachen, worin die Tragweite der genannten Begriffe besteht. Jede Disziplin, auch eine in methodologischer Hinsicht völlig korrekt aufgebaute, verliert ihren Wert in unseren Augen, sobald wir nur wichtige Gründe zur Vermutung haben, daß nicht alle Lehrsätze dieser Disziplin wahr sind. Anderseits ist zweifellos der Wert einer Disziplin desto größer, je mehr wahre Sätze sich in ihr begründen lassen. Von diesem Gesichtspunkt aus könnte man als Ideal eine solche Disziplin ansehen, die unter ihren Lehrsätzen alle wahren Sätze aus dem gegebenen Bereich enthält und keinen einzigen falschen Satz dabei. Wenn wir „Sätze aus dem gegebenen Bereich" sagen, meinen wir damit Sätze, die ausschließlich in den Termini der betrachteten Disziplin und der vorangehenden Disziplinen formuliert sind; man kann ja nicht verlangen, daß innerhalb der Arithmetik alle wahren Sätze begründet werden könnten, also auch solche, in denen z. B. Begriffe aus dem Gebiete der Chemie oder der Biologie vorkommen. — Wir wollen uns jetzt vorstellen, daß die vorliegende Disziplin nicht widerspruchsfrei ist, daß also unter den Lehrsätzen dieser Disziplin zwei sich widersprechende Sätze auftreten; wie aus dem bekannten logischen Gesetz, dem sog. *Satz des Widerspruchs*, folgt, muß einer dieser Sätze falsch sein. Wenn eine Disziplin dagegen nicht vollständig ist, so gibt es zweifellos zwei sich widersprechende Sätze, derart daß keiner von ihnen sich in der betrachteten Disziplin beweisen läßt; einem anderen logischen Gesetz gemäß, dem sog. *Satz des ausgeschlossenen Dritten*, muß aber trotzdem einer dieser Sätze wahr sein. Daraus ist zu ersehen, daß eine deduktive Disziplin sicher unser Ideal nicht verwirklicht, wenn sie nicht zugleich widerspruchsfrei und vollständig ist (wir wollen damit keineswegs sagen, daß jede widerspruchsfreie und vollständige Disziplin schon eo ipso unser Ideal verwirklicht, d. i. daß sie alle wahren Sätze aus dem gegebenen Bereich und nur solche Sätze enthält).

Man kann das uns interessierende Problem noch unter einem anderen Gesichtswinkel betrachten. Die Entwicklung jeder deduktiven Wissenschaft erfolgt auf dem Wege, daß wir uns Probleme von der Form „*ist es so und so?*" stellen und diese Probleme auf Grund der angenommenen Axiome zu entscheiden versuchen. Es ist klar, daß jedes Problem dieser Form in zweierlei Richtungen entschieden werden kann: in bejahender oder positiver (die Antwort lautet: „*es ist so und so*") und in verneinender oder negativer (die Antwort lautet: „*es ist nicht so und so*"). Nun gibt die Widerspruchsfreiheit und die Vollständigkeit des Axiomensystems die Gewähr, daß jedes Problem der erwähnten Art, das ausschließlich in den Termini der gegebenen Disziplin und der vorangehenden Disziplinen formuliert ist, sich innerhalb dieser Disziplin entscheiden läßt, und zwar nur in éiner Richtung: durch die Widerspruchsfreiheit ist die Möglichkeit ausgeschlossen, daß irgendein Problem zugleich auf zwei Weisen — positiv und negativ — gelöst werden kann, aus der Vollständigkeit folgt dagegen, daß es jedenfalls auf éine Weise entschieden werden kann.

Es sind nur wenige deduktive Disziplinen bekannt, die auf widerspruchsfreie und vollständige Axiomensysteme gegründet sind. Dies sind ganz elementare Disziplinen mit einem kleinen Bestand von Begriffen; als ein Beispiel dafür kann der in II besprochene Aussagenkalkül dienen (sofern man ihn als eine besondere Disziplin und nicht als einen Teil der Logik betrachtet). Die Sachlage ändert sich wesentlich, sobald man etwa zu solchen Wissenschaften wie der Arithmetik oder der Geometrie übergeht. Wahrscheinlich zweifelt niemand, der diese Wissenschaften treibt, an ihrer Widerspruchsfreiheit; nichtsdestoweniger — wie sich aus den neuesten methodologischen Untersuchungen ergibt — bietet ein exakter Beweis der Widerspruchsfreiheit ungeheure Schwierigkeiten grundsätzlicher Natur. Noch schlimmer steht es mit dem Problem der Vollständigkeit: es zeigt sich, daß die Axiomensysteme der Arithmetik und der Geometrie nicht vollständig sind; man hat nämlich solche Probleme vom rein arithmetischen oder geometrischen Charakter konstruiert, die innerhalb dieser Disziplinen weder in positiver noch in negativer Weise entscheidbar sind. Man könnte vermuten, daß sich diese Tatsache ausschließlich aus der Unvollkommenheit derjenigen Axiomensysteme oder Beweismethoden ergibt, über die man heute verfügt, daß es vielleicht durch ihre entsprechende Modifikation (Erweiterung) in der Zukunft gelingen wird, vollständige Systeme zu gewinnen. Tiefere

Untersuchungen haben jedoch erwiesen, daß diese Vermutung irrtümlich ist: es wird niemals gelingen, eine widerspruchsfreie und vollständige deduktive Disziplin aufzubauen, die als ihre Lehrsätze alle wahren Sätze aus dem Bereich der Arithmetik oder der Geometrie enthielte.[1]

Wegen der zuletzt gemachten Bemerkungen ist es verständlich, warum die Postulate der Widerspruchsfreiheit und Vollständigkeit — trotz ihrer theoretischen Wichtigkeit — in der Praxis keinen wesentlichen Einfluß auf den Aufbau der mathematischen Disziplinen ausüben.

Übungsaufgaben.

1. Man gebe unter Benützung von Schulbüchern der elementaren Geometrie ein System von Grundbegriffen und Axiomen an, das zur Begründung der Geometrie hinreicht.

*2. Man zeige einige Interpretationen des in 34 betrachteten Axiomensystems innerhalb der Arithmetik und Geometrie auf.

*3. Ist die Menge aller Zahlen zusammen mit der Beziehung »ist kleiner als« zwischen Zahlen ein Modell des Axiomensystems aus 34? Ist die Menge aller Geraden und die Beziehung der Parallelität zwischen den Geraden ein derartiges Modell?

*4. Wir betrachten ein System, das aus drei Sätzen besteht: aus dem Axiom I und aus den Theoremen I und II, die in 34 angegeben wurden. Was für Eigenschaften der Kongruenzbeziehung finden ihren Ausdruck in einzelnen Sätzen dieses Systems?

Man zeige Modelle auf, die

a) die zwei ersten Sätze des Systems erfüllen, den dritten dagegen nicht;

b) den ersten und dritten Satz des Systems erfüllen, den zweiten dagegen nicht;

c) die zwei letzten Sätze des Systems erfüllen, den ersten dagegen nicht.

*5. Man beweise, daß das System von Axiomen I und II aus 34 mit dem System, das aus dem Axiom I und den Sätzen I und II besteht, in dem in 35 festgelegten Sinne äquivalent ist.

---
[1] Diese Resultate von großer Tragweite verdanken wir dem österreichischen Logiker *K. Gödel*.

*6. Aus den in **34** angenommenen Axiomen lassen sich — neben den Theoremen I und II — noch verschiedene andere Lehrsätze ableiten, z. B.:

Theorem III. *Wenn* $x \in S$, $y \in S$, $z \in S$, $x \cong y$ *und* $x \cong z$, *so* $y \cong z$.

Theorem IV. *Wenn* $x \in S$, $y \in S$, $z \in S$, $x \cong y$ *und* $y \cong z$, *so* $z \cong x$.

Theorem V. *Wenn* $x \in S$, $y \in S$, $z \in S$, $t \in S$, $x \cong y$, $y \cong z$ *und* $z \cong t$, *so* $x \cong t$.

Man beweise genau, daß folgende Satzsysteme mit dem System äquivalent sind, das aus den Axiomen I und II besteht (und daß demnach jedes dieser Satzsysteme als ein neues Axiomensystem angenommen werden kann):

a) das System, das aus dem Axiom I und dem Theorem III besteht,

b) das System, das aus dem Axiom I und dem Theorem IV besteht,

c) das System, das aus dem Axiom I und den Theoremen I und V besteht.

*7. Nach dem Vorbild der Übungsaufgaben 15—17 aus V formuliere man allgemeine Lehrsätze aus der Relationstheorie, die eine Verallgemeinerung der in der vorangehenden Übungsaufgabe gewonnenen Ergebnisse enthalten.

8. Man beklagt sich manchmal über die Unstimmigkeit der verschiedenen Lehrbücher der Geometrie: Sätze, die man in manchen Lehrbüchern als Theoreme behandelt, werden in den anderen als Axiome, also ohne Beweis angenommen. Sind diese Klagen berechtigt?

*9. In dem Bruchstück der Geometrie, das in **34** erörtert wurde, kann die Beziehung »ist kleiner als« zwischen den Strecken in folgender Weise definiert werden:

Wir wollen sagen, daß x kleiner als y ist ($x < y$), wenn x und y Strecken sind und wenn x einer eigentlichen Teilstrecke von y kongruent ist, d. h. wenn $x \in S$, $y \in S$ und es ein z gibt, so daß $z \in S$, $z \subset y$, $z \neq y$ und $x \cong z$.

Man unterscheide in diesem Satz das Definiendum und das Definiens; man untersuche, welchen Disziplinen die Termini angehören, in denen das Definiens formuliert ist. Genügt diese Definition den allgemeinen methodologischen Prinzipien aus 32 und den Regeln des Definierens aus 10?

*10. Ist der in 34 angegebene Beweis des Theorems I ein vollständiger Beweis, wenn man nur diejenigen Regeln des Beweisens in Betracht zieht, die in 13 angeführt wurden?

11. Einer der Lehrsätze des Aussagenkalküls lautet:

Für beliebige p und q, wenn p und nicht p, so q.

Auf Grund dieses Lehrsatzes soll folgendes gezeigt werden: wenn das Axiomensystem irgendeiner mathematischen Disziplin, die die Logik voraussetzt, widerspruchsvoll (d. h. nicht widerspruchsfrei) ist, so kann man aus diesem System alle möglichen Sätze ableiten.

12. Wenn das Axiomensystem irgendeiner Disziplin vollständig ist und wenn man zu diesem System irgendeinen Satz hinzufügt, der ausschließlich in den Termini der gegebenen Disziplin und der vorangehenden Disziplinen formuliert ist, der sich aber innerhalb der betrachteten Disziplin nicht beweisen läßt, so kann das auf diese Weise erweiterte Axomensystem nicht widerspruchsfrei sein. Warum?

Zweiter Teil.

Anwendungen der Logik und der Methodologie beim Aufbau eines Bruchstücks der Arithmetik.

VII. Sätze über die Anordnung von Zahlen.

38. Grundbegriffe des aufzubauenden Bruchstücks der Arithmetik; erste Gruppe von Axiomen. Da wir bereits über ein gewisses Quantum von Wissen aus dem Gebiete der Logik und Methodologie verfügen, wollen wir jetzt an die Grundlegung einer konkreten, übrigens sehr elementaren mathematischen Theorie herantreten; dies wird für uns eine gute Gelegenheit sein, die vorher erworbenen Kenntnisse zu befestigen und zu vertiefen, ja sogar zu erweitern.

Die Theorie, mit der wir uns befassen wollen, bildet ein Bruchstück der Arithmetik der reellen Zahlen und enthält fundamentale Sätze, die die Grundbeziehungen zwischen Zahlen: die Beziehungen »kleiner als« und »größer als« sowie die einfachsten Operationen mit Zahlen: die Addition und die Subtraktion betreffen; sie stützt sich ausschließlich auf die Logik. In dieser Theorie nehmen wir folgende vier Grundbegriffe an:

reelle Zahl,

ist kleiner als,

ist größer als,

Summe.

Statt „*reelle Zahl*" werden wir, wie bisher, einfach „*Zahl*" sagen. Dabei ist es etwas vorteilhafter, statt des Ausdrucks „*Zahl*", die Wendung „*die Menge aller Zahlen*" als Grundbegriff zu betrachten, die wir der Kürze halber durch das Symbol „*Zl*" ersetzen; um also auszudrücken, daß x eine Zahl ist, schreiben wir:

$x \in Zl$.

Grundbegriffe des aufzubauenden Bruchstücks der Arithmetik. 99

Die Ausdrücke „*ist kleiner als*" und „*ist größer als*" werden hier als Ganzheiten behandelt — als ob sie einzelne Worte wären; sie werden beziehungsweise durch die Symbole „<" und „>" ersetzt. Anstatt „*die Summe der Zahlen (Summanden) x und y*", bzw. „*das Ergebnis der Addition mit den Zahlen x und y*", schreiben wir wie üblich:

$$x + y.$$

Somit bezeichnet das Symbol „Zl" eine gewisse Menge, die Symbole „<" und „>" gewisse zweigliedrige Beziehungen und schließlich das Symbol „+" eine binäre Operation.

Unter den Axiomen der betrachteten Theorie lassen sich zwei Gruppen auszeichnen: die Sätze der ersten Gruppe drücken fundamentale Eigenschaften der Beziehungen »kleiner als« und »größer als« aus, die Sätze der zweiten Gruppe betreffen hauptsächlich die Addition. Wir werden vorläufig die Axiome der ersten Gruppe kennenlernen; es sind dies im ganzen fünf Axiome:

Axiom 1. *Für beliebige Zahlen x und y (d. i. für beliebige Elemente x und y der Menge Zl) gilt $x = y$ oder $x < y$ oder $x > y$.*

Axiom 2. *Wenn $x < y$, so y nicht $< x$.*

Axiom 3. *Wenn $x > y$, so y nicht $> x$.*

Axiom 4. *Wenn $x < y$ und $y < z$, so $x < z$.*

Axiom 5. *Wenn $x > y$ und $y > z$, so $x > z$.*

Die eben angeführten Axiome, sowie übrigens alle arithmetischen Sätze von generellem Charakter, die besagen, daß beliebige Zahlen $x, y \ldots$ diese oder jene Bedingung erfüllen, sollen eigentlich mit der Wendung „*für beliebige Zahlen $x, y \ldots$*", bzw. „*für beliebige Elemente $x, y \ldots$ der Menge Zl*" beginnen. Da wir uns aber dem in 3 besprochenen Gebrauch anpassen wollen, so lassen wir diese Wendung sehr oft weg, sie soll dann in Gedanken hinzugefügt werden; das betrifft sowohl die Axiome als auch die Theoreme und Definitionen, denen man im weiteren Laufe dieser Überlegungen begegnen wird. So soll z. B. das Axiom 2 folgendermaßen gelesen werden:

Für beliebige Elemente x und y der Menge Zl, wenn $x < y$, so y nicht $< x$.

100   Sätze über die Anordnung von Zahlen.

Wir werden das Axiom 1 *Satz der Trichotomie in schwächerer Gestalt* nennen (den Satz der Trichotomie in stärkerer Gestalt werden wir später kennenlernen). Durch die Axiome 2—5 wird ausgedrückt, daß die Beziehungen »kleiner als« und »größer als« asymmetrisch und transitiv in der Menge Zl sind (vgl. 24); demgemäß heißen sie *Sätze der Asymmetrie* und *Sätze der Transitivität für die Beziehungen »kleiner als« und »größer als«*. Die Axiome der ersten Gruppe und die aus ihnen folgenden Lehrsätze werden zusammen *Sätze über die Anordnung von Zahlen* genannt.

39. Sätze der Irreflexivität für die Beziehungen »kleiner als« und »größer als«; indirekte Beweise. Wir werden jetzt aus den angenommenen Axiomen eine Reihe von Theoremen ableiten; da weder hier noch im folgenden Kapitel eine systematische Darstellung beabsichtigt wird, wollen wir nur diejenigen Lehrsätze angeben, die zur Illustration gewisser Begriffe und Tatsachen aus dem Gebiete der Logik und der Methodologie dienen können.

Theorem 1. *Keine Zahl ist kleiner als sie selbst:* x *nicht* $< x$.

Beweis. Nehmen wir an, unser Theorem wäre falsch; es gibt also eine Zahl x, die folgende Formel erfüllt:

$$x < x. \qquad (1)$$

Das Axiom 2 betrifft beliebige Zahlen x und y (die nicht notwendig verschieden sein müssen), bleibt also auch dann gültig, wenn an Stelle von „y" die Variable „x" eingesetzt wird; man bekommt dann:

$$\textit{wenn } x < x, \textit{ so } x \textit{ nicht } < x. \qquad (2)$$

Aus den Bedingungen (1) und (2) ergibt sich sogleich, daß

$$x \textit{ nicht } < x;$$

diese Folgerung steht aber in einem offenbaren Widerspruch zu der Formel (1). Wir müssen also die ursprüngliche Annahme ablehnen und das Theorem als bewiesen anerkennen.

Diese Überlegung kann man leicht in einen vollständigen Beweis umformen (vgl. 13). Zu diesem Zweck wollen wir uns auf folgenden Satz aus dem Aussagenkalkül, den sog. *Satz der reductio ad absurdum*, stützen:

(I) *Wenn aus p folgt nicht p, so nicht p.*

Sätze der Irreflexivität; indirekte Beweise.

Wir geben ferner dem Axiom 2 eine für uns stilistisch vorteilhaftere Form:

(II) *Aus: $x < y$ folgt: y nicht $< x$.*

Unser Beweis stützt sich ausschließlich auf die zwei angeführten Sätze: (I) und (II). Zunächst wenden wir auf den Satz (I) die Einsetzungsregel an, indem wir „p" überall durch „$x < x$" ersetzen und dabei die Stelle des Wortes „*nicht*" verändern:

(III) *Wenn aus: $x < x$ folgt: x nicht $< x$, so x nicht $< x$.*

Dann wenden wir die Einsetzungsregel auf den Satz (II) an, wobei wir hier „y" durch „x" ersetzen:

(IV) *Aus: $x < x$ folgt: x nicht $< x$.*

Wir stellen endlich fest, daß der Satz (IV) die Voraussetzung des Bedingungssatzes (III) ist; wir können also auf diese Sätze die Abtrennungsregel anwenden. Auf diese Weise gewinnen wir die Formel:

(V) x nicht $< x$,

die eben zu beweisen war.

Der Beweis des Theorems 1 stellt ein Beispiel der sog. *indirekten Beweise*, die auch *apagogische Beweise* oder *Beweise durch reductio ad absurdum* genannt werden. Derartige Beweise kann man allgemein folgendermaßen charakterisieren: will man ein Theorem begründen, so nimmt man zunächst an, das Theorem wäre falsch, und leitet daraus gewisse Folgerungen ab, die die ursprüngliche Annahme widerlegen. Die indirekten Beweise sind in der Mathematik sehr verbreitet. Man darf aber nicht annehmen, daß sie alle unter das Schema des Beweises von Theorem 1 fallen; im Gegenteil, wir haben hier mit einer verhältnismäßig seltenen Form von indirekten Beweisen zu tun. Weiter unten werden wir ein mehr typisches Beispiel von Beweisen dieser Art kennenlernen.

Das von uns angenommene Axiomensystem ist hinsichtlich der beiden Zeichen „$<$" und „$>$" völlig symmetrisch. Deshalb bekommen wir auch aus jedem Theorem, das die Beziehung »kleiner als« betrifft, auf automatischem Wege das entsprechende Theorem, in dem von der Beziehung ›größer als‹ die Rede ist, wobei die Beweise der beiden Sätze völlig analog sind, so daß man den

Beweis des zweiten Satzes ganz übergehen kann. So entspricht insbesondere dem Theorem 1 das folgende

Theorem 2. *Keine Zahl ist größer als sie selbst: x nicht $> x$.*

Die Theoreme 1 und 2 sind *Sätze der Irreflexivität für die Beziehungen »kleiner als« und »größer als«*: sie bringen zum Ausdruck, daß die beiden betrachteten Beziehungen irreflexiv in der Menge Zl sind.

40. Weitere Sätze über die Beziehungen ›kleiner als‹ und ›größer als‹. Wir wollen nun folgenden Satz aufstellen:

Theorem 3. *$x > y$ dann und nur dann, wenn $y < x$.*

Beweis. Es soll gezeigt werden, daß die Formeln:

$$x > y \text{ und } y < x$$

äquivalent sind, daß also die erste von diesen Formeln aus der zweiten folgt und umgekehrt (vgl. 9).

Wir wollen zunächst voraussetzen, daß

$$y < x. \tag{1}$$

Gemäß Axiom 1 kommt jedenfalls einer der drei Fälle:

$$x = y,\ x < y \text{ oder } x > y \tag{2}$$

vor. Wäre $x = y$, so könnten wir auf Grund des Fundamentalsatzes der Identitätstheorie, d. i. des Satzes von *Leibniz* (vgl. 15), in der Formel (1) die Variable „x" durch „y" ersetzen; wir würden dann:

$$y < y$$

erhalten, was in offenbarem Widerspruch zu dem Theorem 1 steht. Es ist also

$$x \neq y. \tag{3}$$

Es gilt aber auch

$$x \text{ nicht } < y, \tag{4}$$

da gemäß Axiom 2 die Formeln:

$$x < y \text{ und } y < x$$

nicht zugleich erfüllt sein können. Nach (2), (3) und (4) müssen wir annehmen, daß der dritte Fall vorliegt:

$$x > y. \tag{5}$$

Damit haben wir gezeigt, daß die Formel (5) aus der Formel (1) folgt; ganz analog kann man die Implikation in entgegengesetzter Richtung aufstellen. Die beiden Formeln sind also tatsächlich äquivalent, w. z. b. w.[1]

Jeder (zweigliedrigen) Beziehung R kann man eine andere Beziehung S mittels folgender Definition zuordnen:

für beliebige x und y gilt $x S y$ dann und nur dann, wenn $y R x$;

diese Beziehung S wird die *von R konverse Beziehung* oder die *Umkehrung der Beziehung R* genannt. Das Theorem 3 stellt fest, daß die Beziehungen $<$ und $>$ zueinander konvers sind.

Theorem 4. *Wenn $x \neq y$, so gilt $x < y$ oder $y < x$.*

Beweis. Da
$$x \neq y,$$
so gilt nach Axiom 1
$$x < y \text{ oder } x > y;$$
aus der zweiten dieser Formeln ergibt sich nach Theorem 3:
$$y < x.$$
Wir haben also:
$$x < y \text{ oder } y < x, \text{ w. z. b. w.}$$

Ganz analog läßt sich beweisen

Theorem 5. *Wenn $x \neq y$, so gilt $x > y$ oder $y > x$.*

Die Theoreme 4 und 5 heißen *Sätze der Konnexität für die Beziehungen »kleiner als« und »größer als«* und drücken aus, daß diese beiden Beziehungen in der Menge Zl konnex sind. Die Axiome 2—5 zusammen mit den Theoremen 4 und 5 zeigen, daß die Menge aller Zahlen sowohl durch die Beziehung »kleiner als« als auch durch die Beziehung »größer als« geordnet wird (vgl. 26).

Theorem 6. *Beliebige zwei Zahlen x und y erfüllen genau eine der folgenden drei Formeln: $x = y$, $x < y$ und $x > y$.*

Beweis. Es folgt aus Axiom 1, daß mindestens eine der angegebenen Formeln erfüllt sein muß. Um nachzuweisen, daß sich die Formeln:
$$x = y \text{ und } x < y$$

---

[1] Die Buchstaben „w. z. b. w." dienen, wie üblich, zur Abkürzung der Wendung „was zu beweisen war".

ausschließen, verfahren wir ebenso wie beim Beweis von Theorem 3: wir ersetzen in der zweiten dieser Formeln „x" durch „y" und kommen so zu einem Widerspruch mit dem Theorem 1. Ähnlicherweise wird gezeigt, daß sich die Formeln:

$$x = y \text{ und } x > y$$

ausschließen. Schließlich können auch die Formeln:

$$x < y \text{ und } x > y$$

nicht zugleich bestehen; mit Rücksicht auf Theorem 3 würden wir ja dann haben:

$$x < y \text{ und } y < x,$$

was offenbar dem Axiom 2 widerspricht. Somit genügen beliebige zwei Zahlen éiner und nur éiner der drei betrachteten Formeln, w. z. b. w.

Wir wollen das Theorem 6 *Satz der Trichotomie in stärkerer Gestalt* oder einfach *Satz der Trichotomie* nennen. Mit Hilfe der Wendung „*entweder*..., *oder*..." (vgl. 7) kann man diesen Satz kürzer formulieren:

Für beliebige Zahlen x und y gilt entweder $x = y$ oder $x < y$ oder schließlich $x > y$.

Die drei Beziehungen: $=$, $<$ und $>$, von denen im Satz der Trichotomie die Rede ist, werden als *Grundbeziehungen zwischen Zahlen* bezeichnet.

41. Die Beziehungen $\leq$ und $\geq$. Neben den Grundbeziehungen spielen in der Arithmetik noch drei andere Beziehungen zwischen Zahlen eine wichtige Rolle: die uns schon bekannte Beziehung der Verschiedenheit ($\neq$) und die Beziehungen $\leq$ und $\geq$, von denen wir jetzt sprechen wollen.

Der Sinn des Symbols „$\leq$" wird durch folgende Definition festgelegt:

Definition 1. *Wir wollen sagen, daß $x \leq y$, dann und nur dann, wenn $x = y$ oder $x < y$.*

Die Formel:

$$x \leq y$$

wird gelesen: „x *ist kleiner oder gleich* y", bzw. „x *ist mindestens gleich* y" oder auch „x *ist nicht größer als* y".

Obwohl der Inhalt der angegebenen Definition klar scheint, zeigt die Erfahrung, daß ihre Anwendung in der Praxis manchmal zur Quelle ernster Mißverständnisse wird. Manche Menschen, die glauben, den Sinn des Zeichens „$\leqslant$" genau zu verstehen, lehnen sich trotzdem gegen jede Anwendung dieses Zeichens auf bestimmte Zahlen auf. Sie lehnen z. B. nicht nur die Formel „$1 \leqslant 0$" als offenbar falsch ab (übrigens mit Recht), sondern sie betrachten auch solche Formeln als sinnlos und sogar falsch wie „$0 \leqslant 0$" oder „$0 \leqslant 1$": sie behaupten nämlich, es habe keinen Sinn zu sagen, daß $0 \leqslant 0$ oder daß $0 \leqslant 1$, da ja $0 = 0$ und $0 < 1$ gilt. Mit einem Worte: man kann kein einziges Paar von Zahlen aufweisen, bei dem sie zustimmen würden, daß es die Formel „$x \leqslant y$" oder „$x \geqslant y$" erfüllt.

Diese Ansicht ist offenbar falsch. Eben deshalb, weil $0 < 1$ gilt, ist der Satz:

$$0 = 1 \ oder \ 0 < 1$$

wahr, denn die Disjunktion zweier Sätze ist immer dann wahr, wenn einer von diesen Sätzen wahr ist (vgl. 7); gemäß der Definition 1 ist aber diese Disjunktion der Formel:

$$0 \leqslant 1$$

äquivalent. Aus denselben Gründen ist die Formel:

$$0 \leqslant 0$$

wahr. Die Quelle der erwähnten Mißverständnisse ist vermutlich in gewissen Gewohnheiten des täglichen Lebens zu suchen. In der Umgangssprache wird gewöhnlich nur dann die Disjunktion zweier Sätze behauptet, wenn wir zwar wissen, daß einer dieser Sätze wahr ist, aber nicht, welcher. Wir sagen z. B. nur dann von einem Ding, daß es grün oder blau ist, wenn wir seine Farbe nicht näher anzugeben vermögen; es kommt uns gar nicht in den Sinn zu sagen, das Gras sei grün oder blau, obwohl dies zweifellos wahr ist, denn wir können etwas Einfacheres und zugleich logisch Schärferes behaupten, nämlich kurz, daß das Gras grün ist. In den mathematischen Überlegungen dagegen ist es nicht immer vorteilhaft, alles, was wir wissen, in möglichst schärfster Form auszusagen. Von einem gegebenen Viereck behaupten wir manchmal nur, daß es ein Parallelogramm ist, obzwar wir wissen, daß es ein Quadrat ist, und zwar tun wir es z. B. dann, wenn wir einen

Sätze über die Anordnung von Zahlen.

allgemeinen Lehrsatz gebrauchen wollen, der beliebige Parallelogramme betrifft. Aus ähnlichen Gründen kann es vorkommen, daß man von einer Zahl x (z. B. von der Zahl 0) weiß, sie sei kleiner als 1, und daß man trotzdem nur behauptet, daß $x \leqslant 1$, d. h. daß entweder $x = 1$ oder $x < 1$ ist.

Wir geben hier zwei Theoreme an, die die Beziehung $\leqslant$ betreffen.

Theorem 7. *Es gilt $x \leqslant y$ dann und nur dann, wenn x nicht $> y$.*

Beweis. Dieser Satz folgt unmittelbar aus Theorem 6, d. i. aus dem Satz der Trichotomie. Ist, in der Tat,

$$x \leqslant y \qquad (1)$$

und folglich, laut Definition 1,

$$x = y \text{ oder } x < y, \qquad (2)$$

so kann die Formel:

$$x > y$$

nicht bestehen; ist umgekehrt

$$x \text{ nicht} > y, \qquad (3)$$

so muß (2) gelten und demnach, wiederum gemäß Definition 1, gilt auch die Formel (1). Somit sind die Formeln (1) und (3) äquivalent, w. z. b. w.

Wir nennen die Beziehung S *Verneinung* oder *Negation der Beziehung R*, wenn diese Beziehungen folgender Bedingung genügen:

für beliebige x und y gilt $x\,S\,y$ dann und nur dann, wenn x nicht $R\,y$.

Das Theorem 7 drückt hiermit aus, daß die Beziehung $\leqslant$ die Negation der Beziehung ›größer als‹ ist.

Man könnte das Theorem 7 seiner Struktur wegen als Definition des Symbols „$\leqslant$" gelten lassen (vgl. 10), die zwar von der ursprünglichen abweicht, ihr aber äquivalent ist. Dank der Aufstellung dieses Theorems verschwinden endgültig alle Zweifel über den Gebrauch des Symbols „$\leqslant$": es leuchtet wohl jedem ein, daß derartige Formeln wie:

$$0 \leqslant 0 \quad \text{oder} \quad 0 \leqslant 1$$

wahr sind, wenn die erste von ihnen der Formel:
$$0 \text{ nicht} > 0$$
und die zweite der Formel:
$$0 \text{ nicht} > 1$$
äquivalent ist.

Theorem 8. *Es gilt $x < y$ dann und nur dann, wenn $x \leqslant y$ und $x \neq y$.*

Beweis. Ist
$$x < y, \tag{1}$$
so gilt nach Definition 1
$$x \leqslant y, \tag{2}$$
wobei, mit Rücksicht auf den Satz der Trichotomie, die Formel:
$$x = y$$
nicht bestehen kann. Wenn umgekehrt (2) besteht, so gilt nach Definition 1
$$x < y \text{ oder } x = y; \tag{3}$$
ist dabei
$$x \neq y,$$
so muß man den ersten Teil der Disjunktion (3), also die Formel (1) als gültig anerkennen. Die Implikation besteht somit in beiden Richtungen.

Wir übergehen hier andere Lehrsätze, die die Beziehung „$\leqslant$" betreffen, insbesondere Sätze, nach denen diese Beziehung reflexiv und transitiv in der Menge Zl ist; der Beweis dieser Sätze bietet übrigens keine Schwierigkeiten.

Die Definition des Symbols „$\geqslant$" ist völlig der Definition 1 analog; aus den Lehrsätzen, die die Beziehung $\leqslant$ betreffen, erhält man automatisch Lehrsätze über die Beziehung $\geqslant$, wenn man überall die Symbole „$\leqslant$", „$<$" und „$>$" beziehungsweise durch die Symbole „$\geqslant$", „$>$" und „$<$" ersetzt.

Die Formeln von der Gestalt:
$$x = y,$$
in denen anstatt „x" und „y" Konstanten, Variablen oder zusammengesetzte Ausdrücke, die Zahlen bezeichnen, auftreten

können, werden wie üblich *Gleichungen* genannt. Analoge Formeln von der Gestalt:

$$x < y, \text{ bzw. } x > y$$

heißen *Ungleichungen (im engeren Sinne)*; zu den *Ungleichungen im weiteren Sinne* werden überdies Formeln von folgender Gestalt gezählt:

$$x \neq y, \ x \leqslant y, \text{ bzw. } x \geqslant y.$$

Die Ausdrücke, die in diesen Formeln auf der linken und auf der rechten Seite der Zeichen „=", „<" usw. auftreten, werden *linke* und *rechte Seite der Gleichung*, bzw. *der Ungleichung* genannt.

Übungsaufgaben.

* 1. Wir betrachten zwei Beziehungen zwischen den Menschen: »ist von kleinerer Statur als« und »ist von größerer Statur als«. Was für eine Bedingung soll eine beliebige Menge von Menschen erfüllen, damit sie zusammen mit den beiden genannten Beziehungen ein Modell für die erste Gruppe von Axiomen bildet (vgl. **33**)?

*2. Die Formel:

$$x \prec y$$

soll ausdrücken, daß die Zahlen x und y einer der zwei folgenden Bedingungen genügen: entweder hat die Zahl x einen kleineren absoluten Betrag als die Zahl y, oder sind die absoluten Beträge dieser Zahlen gleich, die Zahl x ist aber negativ und die Zahl y positiv; man schreibe der Formel:

$$x \succ y$$

dieselbe Bedeutung zu wie der Formel:

$$y \prec x.$$

Es soll (auf Grund der Arithmetik) gezeigt werden, daß die Menge aller Zahlen und die eben definierten Beziehungen $\prec$ und $\succ$ ein Modell für die erste Gruppe von Axiomen bilden.

Man gebe Beispiele von anderen Interpretationen dieser Axiome in der Arithmetik und in der Geometrie an.

3. Man leite aus Theorem 1 den Satz:

Wenn $x < y$, *so* $x \neq y$

ab. Man leite auch umgekehrt aus dem eben angegebenen Satz das Theorem 1 ab, ohne sich dabei anderer Lehrsätze der Arithmetik zu bedienen. Sind diese beiden Schlüsse apagogisch und fallen sie unter das Schema des Beweises von Theorem 1 aus 39?

*4. Man verallgemeinere den Beweis des Theorems 1 (aus 39) und begründe auf diese Weise folgenden allgemeinen Lehrsatz aus der Relationstheorie:

Jede Beziehung R, die asymmetrisch in der Menge M ist, ist zugleich in dieser Menge irreflexiv.

*5. Es soll folgendes gezeigt werden: wird das Theorem 1 als neues Axiom angenommen, so kann man aus diesem Axiom und aus Axiom 4 das alte Axiom 2 als Theorem ableiten. Durch eine Verallgemeinerung dieser Überlegung begründe man folgenden allgemeinen Lehrsatz aus der Relationstheorie:

Jede Beziehung R, die irreflexiv und transitiv in der Menge M ist, ist zugleich in dieser Menge asymmetrisch.

6. Man beweise auf Grund der ersten Gruppe von Axiomen folgende Lehrsätze:

a) *Es gilt $x = y$ dann und nur dann, wenn x nicht $< y$ und y nicht $< x$.*

b) *Wenn $x < y$, so gilt $x < z$ oder $z < y$.*

7. Man leite aus Axiom 4 und Definition 1 folgende Sätze ab:

a) *Wenn $x < y$ und $y \leqslant z$, so $x < z$.*

b) *Wenn $x \leqslant y$ und $y < z$, so $x < z$.*

c) *Wenn $x \leqslant y$, $y < z$ und $z \leqslant t$, so $x < t$.*

8. Man beweise, daß die Beziehungen $\leqslant$ und $\geqslant$ reflexiv, transitiv und konnex in der Menge Zl sind. Sind die genannten Beziehungen in dieser Menge symmetrisch oder asymmetrisch?

9. Man zeige, daß zwischen zwei beliebigen Zahlen genau drei der folgenden sechs Beziehungen: $=$, $<$, $>$, $\neq$, $\leqslant$ und $\geqslant$ bestehen.

10. Sowohl die Umkehrung als auch die Verneinung (vgl. 40 und 41) der sechs in der vorigen Übungsaufgabe genannten Beziehungen ist wiederum eine dieser sechs Beziehungen. Man begründe es genau.

*11. Es sei S die Umkehrung der Beziehung R. Man zeige, daß falls die Beziehung R eine von den in 24 besprochenen Eigenschaften besitzt, auch die Beziehung S dieselbe Eigenschaft besitzt.

*12. Es sei die Negation der Beziehung R mit dem Symbol „R'" bezeichnet. Man begründe folgende Lehrsätze aus der Relationstheorie:

a) *Ist die Beziehung R in der Menge M reflexiv, so ist die Beziehung R' in dieser Menge irreflexiv.*

b) *Ist die Beziehung R in der Menge M symmetrisch, so ist auch die Beziehung R' in dieser Menge symmetrisch.*

c) *Ist die Beziehung R in der Menge M asymmetrisch, so ist die Beziehung R' in dieser Menge reflexiv und konnex.*

d) *Wird die Menge M durch die Beziehung R geordnet, so ist die Beziehung R' in dieser Menge reflexiv, transitiv und konnex.*

Welche von diesen Sätzen lassen sich umkehren?

VIII. Sätze über die Addition und die Subtraktion.

42. Zweite Gruppe von Axiomen; einige allgemeine Eigenschaften von Operationen, der Begriff der Gruppe und insbesondere der Abelschen Gruppe. Wir werden uns jetzt mit der zweiten Gruppe von Axiomen befassen; sie besteht aus folgenden sechs Sätzen:

Axiom 6. *Für beliebige Zahlen x und y gibt es eine Zahl z, so daß $x + y = z$; mit anderen Worten: wenn $x \in Zl$ und $y \in Zl$, so auch $x + y \in Zl$.*

Axiom 7. $x + y = y + x.$

Axiom 8. $x + (y + z) = (x + y) + z.$

Axiom 9. *Für beliebige Zahlen x und y gibt es eine Zahl z, so daß $x = y + z$.*

Axiom 10. *Wenn $y < z$, so $x + y < x + z$.*

Axiom 11. *Wenn $y > z$, so $x + y > x + z$.*

Vorläufig werden wir uns mit den ersten vier Sätzen der zweiten Gruppe, d. i. den Axiomen 6—9 beschäftigen; sie schreiben

Zweite Gruppe von Axiomen; der Begriff der Abelschen Gruppe. 111

der Addition eine Reihe von einfachen Eigenschaften zu, denen man oft auch bei der Betrachtung anderer Operationen aus verschiedenen Teilen der Logik und der Mathematik begegnet.

Zur Bezeichnung dieser Eigenschaften wurden besondere Termini eingeführt. So nennt man z. B. eine Operation O *in der Menge M ausführbar*, wenn sie sich mit beliebigen zwei Elementen der Menge M ausführen läßt, wobei das Ergebnis wieder ein Element der Menge M ist, mit anderen Worten: wenn es für beliebige zwei Elemente x und y der Menge M ein Element z dieser Menge gibt, so daß

$$x \, O \, y = z.$$

Die Operation O heißt *kommutativ in der Menge M*, wenn das Ergebnis dieser Operation nicht von der Anordnung der Elemente der Menge M abhängt, mit denen sie ausgeführt wird, oder, genauer gesprochen, wenn für beliebige zwei Elemente x und y dieser Menge die Formel:

$$x \, O \, y = y \, O \, x$$

gilt; die Operation O ist *assoziativ in der Menge M*, wenn ihr Ergebnis davon unabhängig ist, wie die Elemente in Gruppen zusammengefaßt werden, oder, präziser ausgedrückt, wenn beliebige drei Elemente x, y und z der Menge M die Bedingung:

$$x \, O \, (y \, O \, z) = (x \, O \, y) \, O \, z$$

erfüllen. Die Operation O wird *rechtsseitig*, bzw. *linksseitig umkehrbar in der Menge M* genannt, wenn es für beliebige zwei Elemente x und y der Menge M stets ein Element z dieser Menge gibt, so daß

$$x = y \, O \, z, \text{ bzw. } x = z \, O \, y.$$

Eine Operation O, die zugleich rechtsseitig und linksseitig umkehrbar ist, heißt *beiderseitig umkehrbar* oder *umkehrbar* schlechthin; wie leicht zu ersehen, ist jede kommutative Operation, die rechtsseitig oder linksseitig umkehrbar ist, auch beiderseitig umkehrbar. Wir wollen sagen, daß eine Menge M *Gruppe hinsichtlich der Operation O* ist, falls diese Operation in der Menge M ausführbar, assoziativ und umkehrbar ist; ist dabei die Operation O kommutativ, so heißt die Menge M eine *Abelsche Gruppe hinsichtlich der Operation O*. Der Begriff der Gruppe und insbesondere der Abelschen Gruppe wird in einer besonderen mathematischen

Disziplin behandelt, nämlich der *Gruppentheorie*, die wir schon in V erwähnt haben.[1]

In Übereinstimmung mit der oben eingeführten Terminologie heißen die Axiome 6—9 beziehungsweise *Sätze der Ausführbarkeit, der Kommutativität, der Assoziativität* und *der (rechtsseitigen) Umkehrbarkeit für die Addition;* die Axiome 7 und 8 werden einfacher als *kommutatives* und *assoziatives Gesetz der Addition* bezeichnet. Diese vier Axiome zusammen stellen fest, daß die Menge aller Zahlen eine Abelsche Gruppe hinsichtlich der Addition ist.

43. Kommutative und assoziative Gesetze für eine größere Anzahl von Summanden. Es ist zu bemerken, daß sich das Axiom 7, d. i. das kommutative Gesetz, in der von uns eingeführten Gestalt auf zwei Zahlen und das Axiom 8, d. i. das assoziative Gesetz, sich auf drei Zahlen bezieht. Man kann jedoch unendlich viele andere kommutative und assoziative Gesetze aufstellen, die mehrere Zahlen betreffen; so ist z. B. die Formel:

$$x + (y + z) = y + (z + x)$$

ein Beispiel des kommutativen Gesetzes für drei Summanden, und die Formel:

$$x + [y + (z + u)] = [(x + y) + z] + u$$

stellt eines der assoziativen Gesetze für vier Summanden dar. Es gibt noch Sätze von gemischtem Charakter, von denen jeder behauptet, daß — allgemein ausgedrückt — gewisse Änderungen sowohl in der Anordnung als auch in der Verteilung der Summanden in Gruppen auf das Ergebnis der Addition keinen Einfluß haben. Es sei hier beispielsweise folgender Satz dieser Art angeführt:

Theorem 9. $x + (y + z) = (x + z) + y$.

---

[1] Der Begriff der Gruppe wurde in die Mathematik von dem französischen Mathematiker *E. Galois* (1811—1832) eingeführt. Der Ausdruck „*Abelsche Gruppe*" wurde nach dem Namen des norwegischen Mathematikers *N. H. Abel* (1802—1829) geprägt, dessen Untersuchungen einen großen Einfluß auf die Entwicklung der höheren Algebra ausgeübt haben. Die weittragende Bedeutung des Gruppenbegriffs für die Mathematik ist besonders dank den Arbeiten eines anderen norwegischen Gelehrten, *S. Lie* (1842—1899), erkannt worden.

Beweis. Aus Axiomen 7 und 8 erhält man mittels entsprechender Einsetzungen:

$$z + y = y + z, \tag{1}$$
$$x + (z + y) = (x + z) + y. \tag{2}$$

Auf Grund des Satzes von *Leibniz* und mit Rücksicht auf (1) ersetzt man in (2) „$z + y$" durch „$y + z$" und man gewinnt so die gewünschte Formel:

$$x + (y + z) = (x + z) + y.$$

Ebenso wie dieses Theorem sind wir imstande, auch alle anderen kommutativen und assoziativen Gesetze, die eine beliebige Anzahl von Summanden betreffen, aus den Axiomen 7 und 8, eventuell mit Hilfe von Axiom 6, abzuleiten. Diese Sätze werden in der Praxis sehr oft beim Umformen algebraischer Ausdrücke angewendet. Die Umformung eines Ausdrucks, der eine Zahl bezeichnet, ist, wie bekannt, eine solche Änderung dieses Ausdrucks, die zu einem Ausdruck führt, der dieselbe Zahl bezeichnet und der demnach mit dem ursprünglichen Ausdruck durch das Gleichheitszeichen verknüpft werden kann; am häufigsten werden diejenigen Ausdrücke Umformungen unterzogen, die Variablen enthalten, die also Bezeichnungsfunktionen sind. Auf Grund der kommutativen und assoziativen Gesetze vermögen wir beliebige Ausdrücke umzuformen von der Gestalt wie:

$$x + (y + z), \quad x + [y + (z + u)] \ldots ,$$

folglich Ausdrücke, welche aus Konstanten und Variablen bestehen, die Zahlen bezeichnen und durch die Symbole der Addition sowie durch Klammern getrennt sind: wir dürfen nämlich in jedem solchen Ausdruck in beliebiger Weise sowohl die Symbole, die Zahlen bezeichnen, als auch die Klammern umstellen (wenn nur der Ausdruck durch die Umstellung der Klammern nicht den Sinn verliert).

44. Die Sätze der Monotonie für die Addition und ihre Umkehrungen; ein neuer Typus von indirekten Beweisen. Wir wollen jetzt der Reihe nach die Axiome 10 und 11 näher besprechen; es sind dies die sog. *Sätze der Monotonie für die Addition hinsichtlich der Beziehungen »kleiner als« und »größer als«.* Man sagt allgemein, daß *die (binäre) Operation O in der Menge M monoton hinsichtlich* der *(zweigliederigen) Beziehung R ist*, wenn für beliebige Elemente x, y und z der Menge M daraus, daß

$$y\,R\,z$$

gilt, folgt, daß

$$(x\,O\,y)\,R\,(x\,O\,z),$$

gilt, d. i. daß das Ergebnis der Operation O mit den Elementen x und y in der Beziehung R zu dem Ergebnis dieser Operation mit den Elementen x und z steht (in Anwendung auf die nichtkommutativen Operationen soll man eigentlich die *rechtsseitige Monotonie* von der *linksseitigen* unterscheiden; die Eigenschaft, die eben definiert wurde, soll als rechtsseitige Monotonie bezeichnet werden).

Die Addition ist eine monotone Operation nicht nur hinsichtlich der Beziehungen »kleiner als« und »größer als« — was aus den Axiomen 10 und 11 folgt —, sondern auch hinsichtlich der übrigen Beziehungen zwischen den Zahlen, von denen in 41 die Rede war. Wir werden dies lediglich für die Beziehung der Gleichheit nachweisen:

Theorem 10. *Wenn $y = z$, so $x + y = x + z$.*

Beweis. Die Summe $x + y$ (deren Existenz sich aus Axiom 6 ergibt) ist sich selbst gleich (nach Lehrsatz II aus 15):

$$x + y = x + y.$$

Mit Rücksicht auf die Voraussetzung des Theorems kann man die Variable „y" auf der rechten Seite der angegebenen Gleichung durch die Variable „z" ersetzen; man erhält dann sogleich die gewünschte Formel:

$$x + y = x + z.$$

Das Theorem 10 läßt sich umkehren:

Theorem 11. *Wenn $x + y = x + z$, so $y = z$.*

Wir wollen hier zwei Beweise dieses Satzes skizzieren. Der erste Beweis, der sich auf den Satz der Trichotomie und die Axiome 6, 10 und 11 stützt, wird verhältnismäßig einfach sein. Für unsere weiteren Ziele brauchen wir jedoch noch einen anderen Beweis, der wesentlich komplizierter ist, aber ausschließlich auf den Axiomen 7—9 beruht.

Die Sätze der Monotonie für die Addition.

Erster Beweis. Nehmen wir für den Augenblick an, das betrachtete Theorem wäre falsch: es gibt also solche Zahlen x, y und z, für die
$$x + y = x + z \qquad (1)$$
gilt, und trotzdem
$$y \neq z \qquad (2)$$
ist. Da $x + y$ und $x + z$ Zahlen sind (Axiom 6), so können sie mit Rücksicht auf den Satz der Trichotomie, d. i. auf das Theorem 6, nur éiner der drei Formeln:
$$x + y = x + z, \quad x + y < x + z \quad \text{und} \quad x + y > x + z$$
genügen; wenn also nach (1) die erste dieser Formeln besteht, fallen die beiden übrigen eo ipso weg. Wir haben folglich:
$$x + y \; \text{nicht} < x + z \; \text{und} \; x + y \; \text{nicht} > x + z. \qquad (3)$$
Anderseits, wenn wir den Satz der Trichotomie nochmals anwenden, schließen wir aus der Ungleichung (2), daß
$$y < z \quad \text{oder} \quad y > z$$
gilt; mit Hilfe der Axiome 10 und 11 erhalten wir daraus:
$$x + y < x + z \quad \text{oder} \quad x + y > x + z. \qquad (4)$$
Die Bedingungen (3) und (4) stehen im offenbaren Widerspruch zueinander; man muß also die ursprüngliche Annahme ablehnen und das Theorem als bewiesen betrachten.

*Zweiter Beweis. Man wende das Axiom 9 an, in welchem man „x" durch „y" und „z" durch „u" ersetzt. Man kann dann schließen, daß es eine Zahl u gibt, die die Formel:
$$y = y + u$$
erfüllt; da hierbei, gemäß Axiom 7,
$$y + u = u + y$$
gilt und die Beziehung der Gleichheit transitiv ist (vgl. Satz IV aus 15), so erhält man daraus:
$$y = u + y. \qquad (1)$$
Man wende jetzt das Axiom 9 zum zweiten Male an und ersetze darin „x" durch „z" und „z" durch „v"; man gewinnt die Zahl v, die folgende Gleichung erfüllt:
$$z = y + v. \qquad (2)$$

Mit Rücksicht auf (1) kann man in (2) die Variable „y" durch „$u + y$" ersetzen; man erhält dann:
$$z = (u + y) + v.$$
Da ferner, auf Grund des assoziativen Gesetzes, d. i. des Axioms 8,
$$u + (y + v) = (u + y) + v$$
gilt, so kommt man (durch die Anwendung des Satzes V aus 15) zur Formel:
$$z = u + (y + v).$$
Mit Rücksicht auf (2) können wir in dieser Formel „$y + v$" durch „z" ersetzen (wir stützen uns dabei auf den Satz der Symmetrie für die Beziehung der Gleichheit und auf den Satz von *Leibniz*), so daß wir schließlich:
$$z = u + z \qquad (3)$$
haben.

Wir wenden nun das Axiom 9 zum dritten Male an und ersetzen diesmal „x", „y" und „z" beziehungsweise durch „u", „x" und „w". Auf diese Weise schließen wir auf die Existenz einer Zahl w, so daß
$$u = x + w;$$
da dabei
$$x + w = w + x,$$
so gilt
$$u = w + x. \qquad (4)$$
Auf Grund von (4) erhält man aus (1):
$$y = (w + x) + y,$$
kraft des assoziativen Gesetzes ergibt sich aber:
$$w + (x + y) = (w + x) + y;$$
es folgt daraus, daß
$$y = w + (x + y). \qquad (5)$$
Mit Rücksicht auf die Voraussetzung des Theorems, das wir eben beweisen, ersetzen wir in der Gleichung (5) „$x + y$" durch „$x + z$"; wir bekommen somit:
$$y = w + (x + z). \qquad (6)$$
Ferner erhält man, wiederum kraft des assoziativen Gesetzes:
$$w + (x + z) = (w + x) + z,$$

was im Zusammenhange mit (6) die Formel:
$$y = (w + x) + z$$
ergibt. Zieht man (4) in Betracht, so kann man in dieser Formel „$w + x$" durch „u" ersetzen, wonach
$$y = u + z. \tag{7}$$
Die Gleichungen (7) und (3) ziehen sogleich nach sich:
$$y = z, \text{ w. z. b. w. *}$$

Wir wollen an dieser Stelle einige Bemerkungen im Zusammenhang mit dem ersten Beweis des Theorems 11 machen. Hier liegt, ähnlich wie beim Beweise des Theorems 1, ein Beispiel eines indirekten Schlusses vor. Das Schema des betrachteten Beweises läßt sich in folgender Weise darstellen. Um einen Satz, z. B. „p" zu beweisen, nehmen wir an, daß dieser Satz falsch ist, daß also der Satz „*nicht p*" gilt. Aus dieser Annahme leiten wir eine Folgerung „q" ab, begründen also die Implikation:

wenn nicht p, so q

(in dem gegebenen Fall ist diese Folgerung die Konjunktion der Bedingungen (3) und (4), die im Beweise auftreten). Anderseits aber vermögen wir zu zeigen (entweder kraft der allgemeinen Lehrsätze der Logik, wie dies in dem betrachteten Beweise der Fall ist, oder kraft der schon früher begründeten Lehrsätze aus dem Gebiete der mathematischen Disziplin, in welcher die Überlegungen durchgeführt werden), daß die erhaltene Folgerung falsch ist, daß also „*nicht q*" besteht; das zwingt uns dazu, die ursprüngliche Annahme abzulehnen und den Satz „p" als wahr anzuerkennen. Würde man dieser Überlegung die Gestalt eines vollständigen Beweises geben, so würde darin ein logischer Lehrsatz eine wesentliche Rolle spielen, der eine Abart des uns schon aus 12 bekannten Satzes der Kontraposition ist und folgendermaßen lautet:

Gilt: wenn nicht p, so q, so gilt auch: wenn nicht q, so p.

Der in Rede stehende Beweis unterscheidet sich ein wenig von dem Beweise des Theorems 1. In dem Beweis dieses Theorems haben wir aus der Annahme, daß das Theorem falsch ist, darauf geschlossen, daß es wahr ist, also eine Folgerung gezogen, die in unmittelbarem Widerspruch zu der gemachten Annahme stand;

dagegen hier haben wir aus einer analogen Annahme eine Folgerung abgeleitet, von der wir durch andere Überlegungen wußten, daß sie falsch ist. Dieser Unterschied ist jedoch kein wesentlicher: auf Grund der logischen Gesetze fällt es nicht schwer, den Beweis des Theorems 1 (wie übrigens auch jede andere indirekte Schlußweise) unter das oben skizzierte Schema zu bringen.

Ähnlich wie das Theorem 10 lassen sich auch die beiden übrigen Sätze der Monotonie, nämlich die Axiome 10 und 11, umkehren:

Theorem 12. *Wenn $x + y < x + z$, so $y < z$.*

Theorem 13. *Wenn $x + y > x + z$, so $y > z$.*

Man beweist diese beiden Theoreme leicht, wenn man den ersten Beweis des Theorems 11 zum Vorbild nimmt.

45. Geschlossene Systeme von Sätzen. Es gibt einen allgemeinen logischen Lehrsatz, dessen Kenntnis die Beweise der drei letzten Theoreme (11, 12 und 13) wesentlich vereinfacht. Dies ist der sog. *Satz von geschlossenen Systemen*; dieser Satz gestattet in manchen Fällen, aus der Gestalt der Ausgangssätze allein auf die Richtigkeit der entsprechenden umgekehrten Sätze zu schließen.

Nehmen wir an, daß einige, sagen wir drei, Ausgangssätze vorliegen, denen wir folgende schematische Gestalt geben wollen:

wenn p_1, so q_1;

wenn p_2, so q_2;

wenn p_3, so q_3.

Wir werden sagen, daß diese drei Sätze ein *geschlossenes System* bilden, falls sich die Voraussetzungen dieser Sätze in der Weise ergänzen, daß sie alle möglichen Fälle erschöpfen, d. h. wenn es wahr ist, daß

p_1 *oder* p_2 *oder* p_3

gilt, und falls sich dabei die Behauptungen gegenseitig ausschließen:

wenn q_1, so gilt nicht q_2; wenn q_1, so gilt nicht q_3; wenn q_2, so gilt nicht q_3.

Es folgt nun aus dem Satz der geschlossenen Systeme, daß, wenn uns gelingt, die Ausgangssätze, die ein geschlossenes System bilden, zu beweisen, wir auch berechtigt sind, die entsprechenden umgekehrten Sätze als bewiesen anzusehen.

Das einfachste Beispiel eines geschlossenen Systems wird durch ein System dargestellt, das aus zwei Sätzen besteht: aus einem beliebigen Ausgangssatz:

wenn p, so q

und aus dem konträren Satz:

wenn nicht p, so nicht q.

Will man in diesem Falle die beiden umgekehrten Sätze begründen, so ist es nicht einmal nötig, sich auf den Satz von geschlossenen Systemen zu stützen: es genügt hier die Sätze der Kontraposition anzuwenden.

Das Theorem 10 und die Axiome 10 und 11 bilden ein geschlossenes System von drei Sätzen. Dies folgt aus dem Satz der Trichotomie: da zwischen beliebigen zwei Zahlen genau éine von den drei Beziehungen: $=$, $<$ und $>$ besteht, so ergänzen sich die Voraussetzungen dieser drei Sätze, d. i. die Formeln:

$$y = z, \quad y < z, \quad y > z,$$

und die Behauptungen dieser drei Sätze, d. i. die Formeln:

$$x + y = x + z, \quad x + y < x + z, \quad x + y > x + z,$$

schließen sich gegenseitig aus (aus dem Satz der Trichotomie folgt noch mehr: die drei ersten Formeln ergänzen sich nicht nur, sondern schließen sich auch gegenseitig aus, und die drei letzten Formeln schließen sich nicht nur aus, sondern erschöpfen auch alle möglichen Fälle; dieser Umstand hat jedoch für uns keine wesentliche Bedeutung). Schon aus dem Grunde, daß die drei angegebenen Sätze ein geschlossenes System bilden, müssen die umgekehrten Theoreme 11—13 wahr sein.

Zahlreiche Beispiele von geschlossenen Systemen sind in der elementaren Geometrie zu finden; so hat man z. B. bei der Untersuchung der gegenseitigen Lage zweier Kreise mit einem geschlossenen System zu tun, das aus fünf Sätzen besteht. — Zum Schluß wollen wir noch bemerken, daß jemand, der den Satz von geschlossenen Systemen nicht kennt, bei der Umkehrung von Sätzen, die ein derartiges System bilden, automatisch diejenige Schlußweise anwenden kann, die wir im ersten Beweise des Theorems 11 verwendet haben.

46. Folgerungen aus den Sätzen der Monotonie; die üblichste Art von indirekten Beweisen. Die Theoreme 10 und 11 lassen sich in éinen Satz zusammenfassen:

$$y = z \text{ dann und nur dann, wenn } x + y = x + z.$$

Ähnlich kann man die Axiome 10 und 11 mit den Theoremen 12 und 13 zusammenfassen. Die so gewonnenen Lehrsätze sollen als *Sätze über die äquivalente Umformung von Gleichungen und Ungleichungen mit Hilfe der Addition* bezeichnet werden. Der Inhalt dieser Sätze wird manchmal folgendermaßen beschrieben: wenn man zu den beiden Seiten einer Gleichung oder einer Ungleichung dieselbe Zahl addiert, ohne dabei das Gleichheits- oder das Ungleichheitszeichen zu verändern, so erhält man eine Gleichung oder Ungleichung, die der ursprünglichen äquivalent ist (diese Formulierung ist offenbar nicht ganz korrekt: die Seiten einer Gleichung oder einer Ungleichung sind ja keine Zahlen, sondern Ausdrücke, und deshalb können keine Zahlen zu ihnen addiert werden). Die betrachteten Lehrsätze spielen eine wichtige Rolle beim Auflösen der Gleichungen und Ungleichungen.

Wir wollen aus den Sätzen der Monotonie noch éine Folgerung ableiten:

Theorem 14. *Wenn* $x + z < y + t$, *so gilt* $x < y$ *oder* $z < t$.

Beweis. Setzen wir voraus, daß die Behauptung des zu beweisenden Theorems falsch ist; es ist also weder x kleiner als y, noch z kleiner als t. Auf Grund des Satzes der Trichotomie schließt man daraus, daß eine der beiden Formeln:

$$x = y \quad \text{oder} \quad x > y$$

und analog eine der Formeln:

$$z = t \quad \text{oder} \quad z > t$$

erfüllt sein muß. Wir haben also die folgenden vier Möglichkeiten zu erörtern:

$$x = y \quad \text{und} \quad z = t, \tag{1}$$
$$x = y \quad \text{und} \quad z > t, \tag{2}$$
$$x > y \quad \text{und} \quad z = t, \tag{3}$$
$$x > y \quad \text{und} \quad z > t. \tag{4}$$

Folgerungen aus den Sätzen der Monotonie. 121

Zunächst wollen wir den ersten Fall betrachten; es wird also angenommen, daß die beiden Gleichungen (1) gültig sind. Kraft des Theorems 10 ergibt sich aus der ersten Gleichung:

$$z + x = z + y;$$

da dabei, gemäß Axiom 7,

$$x + z = z + x \quad \text{und} \quad z + y = y + z$$

gilt, so gewinnt man durch zweimalige Anwendung des Satzes der Transitivität für die Beziehung der Identität:

$$x + z = y + z. \qquad (5)$$

Aus der zweiten der angenommenen Gleichungen, d. i. aus der Formel:

$$z = t,$$

schließt man, wiederum auf Grund des Theorems 10, daß

$$y + z = y + t. \qquad (6)$$

Die Gleichungen (5) und (6) ergeben sofort:

$$x + z = y + t. \qquad (7)$$

Durch eine völlig analoge Schlußweise (unter Anwendung der Axiome 4, 5, 10 und 11) erhält man in jedem der drei übrigen Fälle (2), (3) und (4) die Ungleichung:

$$x + z > y + t. \qquad (7)$$

Eine der Formeln (6) oder (7) gilt also jedenfalls. Da $x + z$ und $y + t$ Zahlen sind (Axiom 6), so folgt daraus, mit Rücksicht auf den Satz der Trichotomie, daß die Formel:

$$x + z < y + t$$

nicht gelten kann.

Somit sind wir von der Annahme, daß die Behauptung falsch ist, zu einem offenbaren Widerspruch mit der Voraussetzung des Theorems gekommen. Man muß folglich diese Annahme ablehnen und anerkennen, daß die Behauptung des Theorems tatsächlich aus seiner Voraussetzung folgt.

Die eben durchgeführte Überlegung wird zu den apagogischen Beweisen gezählt; man könnte sie, mit einer ziemlich unwesentlichen Modifikation, unter das Schema bringen, das in 44 im Zusammenhang mit dem ersten Beweis des Theorems 11 skizziert wurde. Formal genommen, ist hier jedoch der Verlauf der Überlegung ein wenig anders als in den Beweisen der Theoreme 1 und 11. Das Schließen hat folgendes Schema. Wir wollen einen Satz von der Form einer Implikation beweisen, z. B. den Satz:

wenn p, so q.

Zu diesem Zwecke wird vorläufig angenommen, daß die Behauptung des Satzes (und nicht der ganze Satz) falsch ist, d. i. daß „*nicht q*" gilt, und aus dieser Annahme wird gefolgert, daß auch die Voraussetzung falsch ist, daß also „*nicht p*" gilt; mit anderen Worten: man begründet an Stelle des betrachteten Satzes den kontraponierten Satz:

wenn nicht q, so nicht p.

Hieraus wird erst auf die Richtigkeit des ursprünglichen Satzes geschlossen. Die Grundlage für eine derartige Schlußweise liefert ein Lehrsatz aus dem Aussagenkalkül, der eine Abart des Satzes der Kontraposition ist und der besagt, daß die Wahrheit des kontraponierten Satzes stets die Wahrheit des Ausgangssatzes zur Folge hat (vgl. 12).

Schlüsse dieser Form sind in allen mathematischen Disziplinen sehr verbreitet: dies ist die üblichste Form von indirekten Beweisen.

47. Definition der Subtraktion; inverse Operationen. Wir werden jetzt zeigen, wie man in die vorliegenden Betrachtungen den Begriff der Subtraktion einführen kann. Zu diesem Zwecke wollen wir zunächst folgendes Theorem aufstellen:

Theorem 15. *Für beliebige zwei Zahlen x und y gibt es genau eine Zahl z, so daß $x = y + z$.*

Beweis. Auf Grund von Axiom 9 wissen wir, daß es mindestens eine Zahl z gibt, die die Formel:

$$x = y + z$$

erfüllt. Es soll gezeigt werden, daß es höchstens éine Zahl von dieser Beschaffenheit gibt, mit anderen Worten: daß beliebige zwei Zahlen u und v, die diese Formel erfüllen, identisch sind. Es sei also

$$x = y + u \quad und \quad x = y + v.$$

Definitionen, deren Definiendum das Gleichheitszeichen enthält. 123

Mit Hilfe der Sätze der Symmetrie und der Transitivität für die Beziehung = gewinnt man hieraus leicht:
$$y + u = y + v;$$
gemäß Theorem 11 ergibt diese Gleichung sofort:
$$u = v.$$
Es gibt somit genau éine Zahl z (vgl. 17), so daß
$$x = y + z, \quad \text{w. z. b. w.}$$
Diese einzige Zahl z, von der in dem oben angegebenen Theorem die Rede ist, wird durch das Symbol:
$$x - y$$
bezeichnet; wir lesen es, wie üblich, „*die Differenz der Zahlen x und y*" (bzw. „*die Differenz des Minuenden x und des Subtrahenden y*") oder auch „*das Ergebnis der Subtraktion mit den Zahlen x und y*". Die genaue Definition des Begriffs der Differenz lautet:

Definition 2. *Wir wollen sagen, daß $z = x - y$, dann und nur dann, wenn $x = y + z$.*

Eine beliebige Operation U wird *rechtsseitige Umkehrung der Operation O in der Menge M* oder auch eine *in der Menge M zu der Operation O rechtsseitig inverse Operation* genannt, wenn diese beiden Operationen O und U folgende Bedingung erfüllen:

für beliebige Elemente x, y und z der Menge M gilt $z = x\,U\,y$ dann und nur dann, wenn $x = y\,O\,z$.

In ähnlicher Weise wird der Begriff der *linksseitigen Umkehrung der Operation O* definiert; ist die Operation O (in der Menge M) kommutativ, so fallen ihre beiden Umkehrungen — die rechtsseitige und die linksseitige — zusammen, und es wird dann einfach von der *Umkehrung der Operation O* gesprochen. Gemäß dieser Terminologie drückt Definition 2 aus, daß die Subtraktion die (rechtsseitige) Umkehrung der Addition ist.

48. Bemerkungen über Definitionen, deren Definiendum das Gleichheitszeichen enthält. *Die Definition 2 ist ein Beispiel für eine in der Mathematik oft verwendete Definitionsart. Dies sind Definitionen, in denen der Sinn eines Symbols festgelegt wird, das ein einzelnes Ding oder eine Operation mit einer beliebigen

Anzahl von Dingen (bzw. eine Funktion mit einer beliebigen Anzahl von Argumenten) bezeichnet. In jeder Definition der betrachteten Art hat das Definiendum die Gestalt einer Gleichung:

$$z = \ldots;$$

auf der rechten Seite dieser Gleichung steht entweder das zu definierende Symbol selbst oder eine Bezeichnungsfunktion, die aus diesem Symbol und gewissen Variablen „x", „y" ... aufgebaut ist, je nachdem, ob das definierte Symbol Bezeichnung eines einzelnen Dinges oder einer Operation mit Dingen ist. Das Definiens kann eine Satzfunktion von beliebiger Gestalt sein, die dieselben freien Variablen enthält, welche im Definiendum auftreten, und die besagt, daß das Ding z — eventuell mit den Dingen $x, y \ldots$ zusammen — diese oder jene Bedingung erfüllt. — Die Definition 2 legt den Sinn eines Symbols fest, das eine Operation mit zwei Zahlen bezeichnet; es soll hier noch ein anderes Beispiel derartiger Definitionen angegeben werden, nämlich die Definition des Zeichens „0", das eine einzelne Zahl bezeichnet:

Wir wollen sagen, daß $z = 0$, dann und nur dann, wenn für eine beliebige Zahl x die Formel: $x + z = x$ besteht.

Mit den Definitionen des betrachteten Typus verbindet sich eine gewisse Gefahr: beobachtet man beim Aufstellen von derartigen Definitionen nicht die nötige Vorsicht, so kann man leicht zu Widersprüchen kommen. Wir wollen das an einem konkreten Beispiel zeigen.

Verlassen wir einen Augenblick die jetzigen Untersuchungen und stellen uns vor, daß wir bereits in der Arithmetik über das Symbol der Multiplikation von Zahlen verfügen und daß wir mit seiner Hilfe das Symbol der Division definieren wollen. Zu diesem Zwecke stellen wir folgende Definition auf, wobei wir uns genau nach der Definition 2 richten:

Wir wollen sagen, daß $z = x : y$, dann und nur dann, wenn $x = y \cdot z$.

Wir ersetzen nun in dieser Definition „x" und „y" durch „0", „z" aber zunächst durch „1" und dann durch „2". Mit Rücksicht auf die Gültigkeit der Formeln:

$$0 \cdot 1 = 0 \quad \text{und} \quad 0 \cdot 2 = 0$$

Definitionen, deren Definiendum das Gleichheitszeichen enthält.

kann man daraus sogleich schließen, daß
$$1 = 0:0 \quad \text{und} \quad 2 = 0:0;$$
da aber zwei Dinge, die einem dritten gleich sind, auch einander gleich sind, so erhalten wir weiter:
$$1 = 2,$$
was offenbar ein Unsinn ist.

Es ist nicht schwierig, den Grund dieser Erscheinung anzugeben. Sowohl in der Definition 2 als auch in der zuletzt angegebenen Definition des Quotients tritt als Definiens eine Satzfunktion mit drei freien Variablen „x", „y" und „z" auf. Jeder derartigen Satzfunktion entspricht eine dreigliedrige Beziehung, die zwischen den Zahlen x, y und z dann und nur dann besteht, wenn diese Zahlen die gegebene Satzfunktion erfüllen (vgl. 23); Ziel der Definition ist eben, ein Symbol einzuführen, das diese Beziehung bezeichnet. Wenn man aber dem Definiendum die Gestalt:
$$z = x - y, \quad \text{bzw.} \quad z = x:y$$
gibt, so wird von vornherein angenommen, daß diese Beziehung eindeutig ist (also eine Operation, bzw. eine Funktion — vgl. hierzu 30), daß folglich zwei beliebigen Zahlen x und y höchstens eine Zahl z entspricht, die zu ihnen in der gegebenen Beziehung steht. Die Eindeutigkeit der Beziehung ist aber von vornherein gar nicht einleuchtend und sie soll zuerst festgestellt werden. Diese Forderung haben wir im Falle der Definition 2 erfüllt; im Falle der Definition des Quotienten haben wir sie dagegen nicht erfüllt und wir konnten sie nicht einmal erfüllen, da die dort auftretende Beziehung in gewissen Ausnahmsfällen ihre Eindeutigkeit verliert: ist nämlich
$$x = 0 \quad \text{und} \quad y = 0,$$
so gibt es unendlich viele Zahlen z, für die
$$x = y \cdot z$$
gilt. Will man also die Definition des Quotienten in der oben angeführten Gestalt formulieren und dabei einen Widerspruch vermeiden, so muß man irgendwie (z. B. durch die Einführung einer zusätzlichen Bedingung in das Definiens) den Fall ausschließen, daß die beiden Zahlen x und y gleich 0 sind.

Folgende Lehre kann man aus den obigen Überlegungen ziehen: jeder Definition vom Typus der Definition 2 soll man ein Theorem voranschicken, das dem Theorem 15 genau entspricht, also einen Satz, der festlegt, daß es nur éine Zahl z gibt, die das Definiens erfüllt (es entsteht die Frage, ob es darum geht, daß genau éine Zahl z besteht, oder ob es zu beweisen genügt, daß höchstens éine solche Zahl besteht; dieses ein wenig schwierige Problem soll hier nicht erörtert werden).*

49. Sätze, die die Subtraktion betreffen. Auf Grund der Definition 2 und der Sätze über die Addition kann man ohne Schwierigkeit die fundamentalen Sätze aus der Theorie der Subtraktion beweisen, wie z. B. den Satz der Ausführbarkeit, die Sätze der Monotonie und die Sätze über die äquivalente Umformung von Gleichungen und Ungleichungen mit Hilfe der Subtraktion. Es gehören hierzu auch diejenigen Sätze, die das Umformen von sog. algebraischen Summen ermöglichen, d. i. von Ausdrücken, welche aus Konstanten und Variablen bestehen, die Zahlen bezeichnen und durch die Zeichen „+", „—" sowie durch Klammern getrennt sind (oft werden die Klammern in diesen Ausdrücken auf Grund besonderer Regeln weggelassen). Als Beispiel wollen wir hier einen Satz anführen, der der zuletzt genannten Kategorie angehört:

Theorem 16. $x + (y - z) = (x + y) - z$.

Beweis. Gemäß Axiom 9 entspricht den Zahlen x und y eine Zahl u, so daß

$$y = z + u, \qquad (1)$$

wonach, im Einklang mit der Definition 2, folgt:

$$u = y - z. \qquad (2)$$

Auf Grund des kommutativen Gesetzes gilt

$$x + y = y + x.$$

Wegen (1) kann y auf der linken Seite dieser Gleichung durch „$z + u$" ersetzt werden; man gewinnt somit:

$$x + y = (z + u) + x. \qquad (3)$$

Nach Theorem 9 gilt anderseits die Formel:

$$z + (x + u) = (z + u) + x; \qquad (4)$$

Sätze, die die Subtraktion betreffen.   127

da zwei Zahlen, die einer dritten gleich sind, einander gleich sind, so ergeben (3) und (4) zusammen:

$$x + y = z + (x + u). \tag{5}$$

Da $x + y$ und $x + u$ Zahlen sind (Axiom 6), so können in der Definition 2 an Stelle von „x", „y" und „z" beziehungsweise „$x + y$", „z" und „$x + u$" eingesetzt werden. Auf Grund von (5) ist das Definiens bei dieser Einsetzung erfüllt, folglich muß auch das Definiendum erfüllt sein:

$$x + u = (x + y) - z.$$

Mit Rücksicht auf (2) kann man nun in der letzten Gleichung „u" durch „$y-z$" ersetzen, und man bekommt schließlich:

$$x + (y - z) = (x + y) - z, \quad \text{w. z. b. w.}$$

Hiermit wollen wir den Aufbau des Bruchstücks der Arithmetik abbrechen.

Übungsaufgaben.

*1. Wir betrachten folgende drei Systeme von Dingen:

a) die Menge aller Zahlen, die Beziehungen $\leqslant$ und $\geqslant$, die Operation der Addition;

b) die Menge aller Zahlen, die Beziehungen $<$ und $>$, die Operation der Multiplikation;

c) die Menge aller positiven Zahlen, die Beziehungen $<$ und $>$, die Operation der Multiplikation.

Man untersuche, welche von diesen Systemen Modelle des von uns angenommenen Systems von Axiomen 1—11 sind.

*2. Wir betrachten eine beliebige Gerade, die wir Zahlenlinie nennen wollen; die Punkte dieser Geraden werden mit den Buchstaben „x", „y", „z" ... bezeichnet. Es wird auf der Zahlenlinie ein Anfangspunkt a und ein (von a verschiedener) Einheitspunkt e ausgezeichnet. Wir wollen sagen, daß ein beliebiger Punkt x der Zahlenlinie dem Punkt y vorangeht, und drücken dies durch die Formel:

$$x \stackrel{.}{<} y$$

aus, wenn es einen Punkt z gibt, derart daß e zwischen a und z und zugleich y zwischen x und z liegt; unter denselben Bedingungen behaupten wir, daß der Punkt y dem Punkt x nachfolgt, und wir schreiben dies kurz:

$$y \stackrel{.}{>} x.$$

Man nennt den Punkt z Summe der Punkte x und y, wenn er folgende Bedingungen erfüllt: 1. z ist von y genau so weit entfernt wie x von a; 2. wenn $a \stackrel{.}{<} x$, so $y \stackrel{.}{<} z$, wenn aber $a \stackrel{.}{>} x$, so $y \stackrel{.}{>} z$. Die Summe der Punkte x und y wird mit dem Symbol:

$$x \stackrel{.}{+} y$$

bezeichnet.

Man zeige mit Hilfe der Lehrsätze der Geometrie, daß die Menge aller Punkte der Zahlenlinie (oder, einfacher gesagt, die Zahlenlinie selbst), die Beziehungen $\stackrel{.}{<}$ und $\stackrel{.}{>}$ sowie die Operation $\stackrel{.}{+}$ ein Modell des von uns angenommenen Axiomensystems bilden und daß demnach dieses System eine Interpretation in der Geometrie besitzt.

3. Wir untersuchen vier Operationen: A, B, G und K, die — wie die Addition — zwei beliebigen Zahlen eine dritte Zahl zuordnen. Als Ergebnis der Operation A mit den Zahlen x und y wird immer die Zahl x, als Ergebnis der Operation B die Zahl y betrachtet:

$$x A y = x, \quad x B y = y.$$

Mit dem Symbol „$x G y$", bzw. „$x K y$" wird diejenige von den beiden Zahlen x und y bezeichnet, die nicht kleiner, bzw. nicht größer als die zweite ist; es gilt folglich:

$$x G y = x \text{ und } x K y = y, \text{ falls } x \geqslant y;$$
$$x G y = y \text{ und } x K y = x, \text{ falls } x \leqslant y.$$

Welche von den Eigenschaften, die in 42 besprochen wurden, kommen diesen vier Operationen zu? Ist die Menge aller Zahlen eine Gruppe und insbesondere eine Abelsche Gruppe hinsichtlich irgendwelcher dieser Operationen?

4. Es sei F die Menge aller Punktmengen, d. i. aller geometrischen Figuren. Sind die Addition und die Multiplikation von Mengen (d. i. die in 21 besprochenen Operationen) ausführbar, kommutativ, assoziativ und umkehrbar in der Menge F? Ist also die Menge F eine Gruppe und insbesondere eine Abelsche Gruppe hinsichtlich einer von diesen Operationen?

5. Man zeige, daß die Menge aller Zahlen keine Abelsche Gruppe hinsichtlich der Multiplikation ist, daß aber jede der folgenden Mengen eine Abelsche Gruppe hinsichtlich dieser Operation ist:

a) die Menge aller von 0 verschiedenen Zahlen,

b) die Menge aller positiven Zahlen,

c) die Menge, die aus den beiden Zahlen : 1 und — 1 besteht.

6. Wir betrachten die Menge M, die aus den beiden Zahlen: 0 und 1 besteht, wobei die Operation ○ mit den Elementen dieser Menge durch folgende Formeln bestimmt wird:

$$0 \circ 0 = 1 \circ 1 = 0,$$
$$0 \circ 1 = 1 \circ 0 = 1.$$

Man prüfe nach, ob die Menge M eine Abelsche Gruppe hinsichtlich der Operation ○ ist.

7. Wir betrachten die Menge M, die aus den drei Zahlen: 0, 1 und 2 besteht. Man bestimme eine Operation ○ mit Elementen dieser Menge, derart daß die Menge M zu einer Abelschen Gruppe hinsichtlich dieser Operation wird.

8. Man beweise, daß keine Menge, die aus zwei oder drei verschiedenen Zahlen besteht, eine Abelsche Gruppe hinsichtlich der Addition sein kann. Gibt es eine aus einer einzigen Zahl bestehende Menge, die eine Abelsche Gruppe hinsichtlich der Addition ist?

9. Man leite aus den Axiomen 6—8 folgende Sätze ab:

a) $x + (y + z) = (z + x) + y$.

b) $x + [y + (z + t)] = (t + y) + (x + z)$.

10. Wie viele Ausdrücke kann man aus jedem der Ausdrücke:

$$x + (y + z), \quad x + [y + (z + t)] \text{ und } x + \{y + [z + (t + u)]\}$$

gewinnen, wenn man sie ausschließlich auf Grund der Axiome 6—8 umformt?

11. Man formuliere die allgemeine Definition der linksseitigen Monotonie einer Operation O hinsichtlich einer Beziehung R.

12. Man beweise auf Grund der angenommenen Axiome und der aus ihnen abgeleiteten Theoreme, daß die Addition eine monotone

130   Sätze über die Addition und die Subtraktion.

Operation in der Menge aller Zahlen hinsichtlich der Beziehungen $\neq$, $\leqslant$ und $\geqslant$ ist.

13. Ist die Multiplikation eine monotone Operation hinsichtlich der Beziehungen $<$ und $>$

a) in der Menge aller Zahlen,

b) in der Menge aller positiven Zahlen,

c) in der Menge aller negativen Zahlen?

14. Welche von den Operationen, die in der Übungsaufgabe 3 definiert wurden, sind (linksseitig oder rechtsseitig) monoton in der Menge aller Zahlen hinsichtlich der Beziehungen $=$, $<$, $>$, $\neq$, $\leqslant$ und $\geqslant$?

15. Ist die Addition und die Multiplikation der Mengen (in irgendeiner Menge von Mengen) hinsichtlich der Beziehung des Enthaltenseins monoton? Und hinsichtlich der anderen Beziehungen zwischen Mengen, von denen in 20 die Rede war?

16. Man leite aus den angenommenen Axiomen folgenden Satz ab, den sog. *Satz über die seitenweise Addition von Ungleichungen*:

Wenn $x < y$ und $z < t$, so $x + z < y + t$.

Man ersetze in diesem Satz überall das Symbol „$<$" der Reihe nach durch „$>$", „$=$", „$\neq$", „$\leqslant$" und „$\geqslant$" und untersuche, welche von den so gewonnenen Sätzen wahr sind.

17. Man gebe Beispiele von geschlossenen Satzsystemen aus dem Gebiete der Arithmetik und der Geometrie an.

18. Man leite aus den angenommenen Axiomen folgende Sätze ab:

a) *Wenn $x + x = y + y$, so $x = y$.*

b) *Wenn $x + x < y + y$, so $x < y$.*

c) *Wenn $x + x > y + y$, so $x > y$.*

Anweisung: Man beweise zuerst die umgekehrten Sätze und zeige, daß sie ein geschlossenes System bilden.

*19. Läßt sich ein Satz lediglich aus den Axiomen 6—9 ableiten, so kann man ihn auf beliebige Abelsche Gruppen ausdehnen, da jede Menge M, die eine Abelsche Gruppe hinsichtlich einer Operation O ist, mit dieser Operation zusammen ein Modell der Axiome 6—9 bildet (vgl. 33). Dies betrifft insbesondere das Theorem 11 (und zwar mit Rücksicht auf den zweiten Beweis dieses Theorems); es gilt nämlich folgender allgemeiner Lehrsatz aus der Gruppentheorie:

Jede Menge M, die eine Abelsche Gruppe hinsichtlich die Operation O ist, erfüllt folgende Bedingung:

wenn $x \in M$, $y \in M$, $z \in M$ und $x\,O\,y = x\,O\,z$, so $y = z$.

Man begründe diesen Lehrsatz genau.

Man zeige anderseits, daß der Satz a) aus der Übungsaufgabe 18 nicht auf beliebige Abelsche Gruppen ausgedehnt werden kann; man gebe nämlich ein Beispiel einer Menge M und einer Operation O von folgender Beschaffenheit: 1. die Menge M ist eine Abelsche Gruppe hinsichtlich der Operation O und 2. es gibt zwei verschiedene Elemente x und y der Menge M, derart daß $x\,O\,x = y\,O\,y$ (vgl. die Übungsaufgabe 6). Läßt sich demnach der Satz a) lediglich aus den Axiomen 6—9 ableiten?

20. Man forme den Beweis des Theorems 14 derart um, daß er sich unter das Schema bringen läßt, das in 44 im Zusammenhang mit dem ersten Beweis des Theorems 11 skizziert wurde.

21. Kann man behaupten, daß die Division eine zu der Multiplikation inverse Operation in der Menge aller Zahlen ist?

22. Gibt es inverse Operationen (in der Menge aller Zahlen, bzw. in der Menge aller geometrischen Figuren) zu denjenigen Operationen, von denen in der Übungsaufgabe 3, bzw. 4 die Rede ist?

23. Was für eine Operation ist die rechtsseitige, bzw. die linksseitige Umkehrung der Subtraktion (in der Menge aller Zahlen)?

*24. Wir haben in 48 beispielsweise die Definition des Zeichens „0" angegeben. Will man die Gewißheit haben, daß diese Definition nicht zum Widerspruch führt, so muß man ihr folgendes Theorem vorausschicken:

Es gibt genau éine Zahl z, so daß für jede beliebige Zahl x die Formel: $x + z = x$ besteht.

Man beweise diesen Satz lediglich auf Grund der Axiome 6—9.

132 Betrachtungen über das aufgebaute Bruchstück der Arithmetik.

25. Man formuliere die Sätze, die ausdrücken, daß die Subtraktion ausführbar, kommutativ, assoziativ, rechts- und linksseitig umkehrbar sowie rechts- und linksseitig monoton hinsichtlich der Beziehung »kleiner als« ist (und zwar in der Menge aller Zahlen). Man untersuche, welche von diesen Sätzen wahr sind, und man beweise sie, wenn dies der Fall ist, auf Grund der angenommenen Axiome und der Definition 2 aus 47.

25. Man leite aus den angenommenen Axiomen und der Definition 2 folgende Sätze ab:

a) $x - (y + z) = (x - y) - z$.

b) $x - (y - z) = (x - y) + z$.

c) $x + y = x - [x - (x - y)]$.

27. Mit Hilfe des Satzes der Ausführbarkeit für die Subtraktion und des Satzes c) aus der vorangehenden Übungsaufgabe beweise man folgendes Theorem:

Damit die Menge M von Zahlen eine Abelsche Gruppe hinsichtlich der Addition ist, ist es notwendig und hinreichend, daß die Differenz beliebiger zweier Zahlen der Menge M wieder zu der Menge M gehört (d. i. daß die Formeln: $x \in M$ und $y \in M$ stets: $x - y \in M$ zur Folge haben).

Man benütze diesen Satz, um Beispiele von Zahlenmengen anzugeben, die Abelsche Gruppen hinsichtlich der Addition sind.

IX. Methodologische Betrachtungen über das aufgebaute Bruchstück der Arithmetik.

50. **Überflüssige Axiome in dem ursprünglichen Axiomensystem 𝔄, Axiomensystem 𝔄′.** In den beiden vorangehenden Kapiteln haben wir in großen Zügen die Grundlagen einer elementaren mathematischen Theorie kennengelernt, die ein Bruchstück der Arithmetik bildet. Im vorliegenden Kapitel wollen wir manche Betrachtungen methodologischer Natur anstellen, die das dieser Theorie zugrundeliegende System von Axiomen und Grundbegriffen betreffen.

Es sollen hier zunächst an konkreten Beispielen die in 35 gemachten Bemerkungen veranschaulicht werden, die solche Probleme wie die Willkürlichkeit in der Auswahl von Axiomen und

Überflüssige Axiome in dem ursprünglichen Axiomensystem 𝔄. 133

Grundbegriffen, die Möglichkeit, überflüssige Axiomen wegzulassen, u. ä. betreffen.

Beginnen wir mit der Frage: enthält vielleicht das von uns angenommene System von Axiomen 1—11 — wir wollen es der Kürze halber *System 𝔄* nennen — überflüssige Axiome, d. i. solche, die aus den übrigen Axiomen dieses Systems abgeleitet werden können? Es fällt nicht schwer, auf diese Frage zu antworten, und zwar im positiven Sinne.

Vor allem ist es leicht nachzuweisen, daß *eines von den Axiomen 4 oder 5 weggelassen werden kann*, da sich jeder dieser beiden Sätze aus dem anderen mit Hilfe der drei ersten Axiome des betrachteten Systems ableiten läßt. Hierzu bemerken wir, daß sich der Beweis von Theorem 3 ausschließlich (unmittelbar oder mittelbar) auf die Axiome 1—3 stützte. Hat man anderseits das Theorem 3 schon zur Verfügung, so kann man Axiom 5 aus Axiom 4 (oder auch umgekehrt) durch folgende Schlußweise ableiten: wenn

$$x > y \text{ und } y > z,$$

so ist, nach Theorem 3,

$$y < x \text{ und } z < y;$$

unter Anwendung von Axiom 4 (in welchem „x" durch „z" und „z" durch „x" ersetzt wird) schließt man daraus weiter, daß

$$z < x;$$

gemäß Theorem 3 ergibt sich nun aus dieser Ungleichung:

$$x > z,$$

d. i. die Behauptung des Axioms 4.

Ähnlich *kann man* aus System 𝔄 *eines der Axiome 10 oder 11* weglassen, da jeder dieser beiden Sätze ohne Schwierigkeit aus dem anderen mit Hilfe von Theorem 3 abgeleitet werden kann.

Schließlich *kann man aus den Axiomen 7—9 das Axiom 6 ableiten*.

* Die Schlußweise ist hier nicht ganz einfach und erinnert an den zweiten Beweis des Theorems 11. Es sind zwei beliebige Zahlen x und y gegeben; durch viermalige Anwendung des Axioms 9 führt man der Reihe nach vier neue Zahlen u, w, z und v ein, die folgende Formeln erfüllen:

134 Betrachtungen über das aufgebaute Bruchstück der Arithmetik.

$$y = y + u, \qquad (1)$$
$$u = x + w, \qquad (2)$$
$$y = w + z, \qquad (3)$$
$$z = y + v. \qquad (4)$$

Mit Rücksicht auf das kommutative Gesetz folgt nun aus (1), daß

$$y = u + y;$$

wenn man diese Gleichung mit (4) kombiniert und ähnlich wie im Beweis vom Theorem 11 schließt, so gelangt man mit Hilfe des assoziativen Gesetzes zu der Formel:

$$z = u + z. \qquad (5)$$

Aus (5) und (2) bekommt man:

$$z = (x + w) + z,$$

wonach, wieder auf Grund des assoziativen Gesetzes:

$$z = x + (w + z).$$

Aus der letzten Gleichung gewinnt man unter Beachtung von (3):

$$z = x + y. \qquad (6)$$

Somit haben wir gezeigt, daß zwei beliebigen Zahlen x und y eine Zahl z entspricht, für die (6) gilt; und darum handelte es sich.

Es soll bemerkt werden, daß die soeben skizzierte Schlußweise nicht nur auf die Addition, sondern auch auf eine beliebige andere Operation anwendbar ist: jede Operation O, die in einer Menge M kommutativ, assoziativ und rechtsseitig umkehrbar ist, ist in dieser Menge auch ausführbar, die Menge M bildet also dann eine Abelsche Gruppe in bezug auf die Operation O (vgl. 42). *

Aus den angeführten Betrachtungen ergibt es sich, daß System $\mathfrak{A}$ mindestens drei überflüssige Axiome enthält; *man kann folglich System $\mathfrak{A}$ durch ein äquivalentes Axiomensystem $\mathfrak{A}'$ ersetzen, das aus folgenden acht Sätzen besteht:*

Axiom 1'. *Für beliebige Zahlen x und y gilt $x = y$ oder $x < y$ oder $x > y$.*

Axiom 2'. *Wenn $x < y$, so y nicht $< x$.*

Axiom 3'. *Wenn* $x > y$, *so* y *nicht* $> x$.
Axiom 4'. *Wenn* $x < y$ *und* $y < z$, *so* $x < z$.
Axiom 5'. $x + y = y + x$.
Axiom 6'. $x + (y + z) = (x + y) + z$.
Axiom 7'. *Für beliebige Zahlen* x *und* y *gibt es eine Zahl* z, *so daß* $x = y + z$.
Axiom 8'. *Wenn* $y < z$, *so* $x + y < x + z$.

Im Vergleich mit dem ursprünglichen System besitzt das neue, vereinfachte Axiomensystem vom ästhetischen und didaktischen Gesichtspunkte gewisse Mängel: es ist nicht mehr in bezug auf die beiden Grundzeichen „<" und „>" symmetrisch; auf Grund dieses Systems werden gewisse Eigenschaften der Beziehung »kleiner als« ohne Begründung angenommen, während ganz analoge Eigenschaften der Beziehung »größer als« erst begründet werden müssen; es fehlt in dem betrachteten System das Axiom 6, das einen sehr elementaren und einleuchtenden Charakter hat, dessen Ableitung aber aus den in System $\mathfrak{A}'$ enthaltenen Axiomen manche Schwierigkeiten bereiten kann.

51. Unabhängigkeit der Axiome des Systems $\mathfrak{A}'$, Beweise durch Interpretation. Es taucht nun die Frage auf, ob in dem Axiomensystem $\mathfrak{A}'$ noch weitere überflüssige Axiome auftreten. Es zeigt sich, daß es nicht der Fall ist: $\mathfrak{A}'$ *ist bereits ein System von gegenseitig unabhängigen Axiomen*.

* Der soeben formulierte Satz ist kein Lehrsatz der Mathematik selbst, sondern ein Lehrsatz der Methodologie der Mathematik. Um ihn zu begründen, wendet man eine besondere Methode der Beweisführung an, die als *Methode der Beweise durch Modellangabe* oder *durch Interpretation* bezeichnet wird. Wir werden zu erklären versuchen, worin diese Methode besteht.

Es soll gezeigt werden, daß kein Axiom des Systems $\mathfrak{A}$ aus den übrigen Axiomen dieses Systems ableitbar ist. Wir wollen uns hier beispielsweise auf das Axiom 2' beschränken. Ersetzen wir in den Axiomen des Systems $\mathfrak{A}'$ das Zeichen „<" überall durch „≤", ohne diese Axiome sonst zu verändern. Man sieht nun leicht ein, daß infolge dieser Umformung keines der Axiome mit Ausnahme des Axioms 2' seine Gültigkeit verliert: die Axiome 3', 5',

136 Betrachtungen über das aufgebaute Bruchstück der Arithmetik.

6' und 7', die das Zeichen „<" nicht enthalten, werden überhaupt unverändert bleiben und aus den Axiomen 1', 4' und 8' werden gewisse Lehrsätze der Arithmetik gewonnen, deren Beweis auf Grund des Axiomensystems 𝔄 oder 𝔄' und der Definition 1 des Symbols „<" (vgl. 41) keine Schwierigkeiten bereitet. Es kann also behauptet werden, daß die Menge aller Zahlen Zl, die Beziehungen < und > sowie die Operation der Addition ein Modell der Axiome 1' und 3'—8' bilden; das System dieser sieben Axiome hat somit eine neue Interpretation in der Arithmetik gefunden. Anderseits ist es nicht schwer einzusehen, daß der durch die Umformung des Axioms 2' gewonnene Satz falsch ist; man beweist ja in der Arithmetik leicht den ihm widersprechenden Satz: aus der Formel:

$$x < y$$

folgt nicht immer:

$$y \; nicht < x,$$

da es solche Zahlen x und y gibt, die zugleich die beiden Ungleichungen:

$$x < y \quad und \quad y < x$$

erfüllen (dies ist offenbar dann und nur dann der Fall, wenn die Zahlen x und y gleich sind). Falls man also an die Widerspruchsfreiheit der Arithmetik glaubt (vgl. 37), so muß man zur Überzeugung kommen, daß der aus Axiom 2' gewonnene Satz kein Lehrsatz dieser Disziplin ist. Damit ist es uns gelungen, eine solche Interpretation der Axiome 1' und 3'—8' anzugeben, bei der das Axiom 2' nicht gilt. Es folgt hieraus sogleich, daß das Axiom 2' aus den übrigen Axiomen des Systems 𝔄' nicht abgeleitet werden kann: im entgegengesetzten Fall würde ja dieses Axiom (wie wir es aus den Betrachtungen in **33** wissen) bei keiner Interpretation, bei der die übrigen Axiome gelten, seine Gültigkeit verlieren.

Allgemein kann man die Methode der Beweise durch Interpretation in folgender Weise beschreiben. Es soll gezeigt werden, daß sich ein Satz S aus einem gewissen System 𝔖 von Lehrsätzen irgendeiner mathematischen Disziplin nicht ableiten läßt. Zu diesem Zwecke betrachten wir eine beliebige mathematische Disziplin 𝔇, von der angenommen wird, daß sie widerspruchsfrei ist (es kann insbesondere dieselbe Disziplin sein, der die Lehrsätze des betrachteten Systems angehören). Wir versuchen dann innerhalb dieser Disziplin eine solche Interpretation des Systems $\mathfrak{L}$ zu finden, bei der nicht der Satz S selbst, sondern der ihm widersprechende Satz Lehrsatz der Disziplin $\mathfrak{D}$ ist. Wenn dies nun gelingt, so stützen wir uns auf Betrachtungen, die in 33 gemacht wurden und die den formalen Charakter der mathematischen Schlußweisen betreffen: auf Grund dieser Betrachtungen wird die Tatsache selbst des Bestehens einer derartigen Interpretation als ein Beweis dafür angesehen, daß der Satz S aus dem System $\mathfrak{L}$ nicht ableitbar ist (streng genommen, ist dies ein Beweis für den Bedingungssatz „*wenn die Disziplin $\mathfrak{D}$ widerspruchsfrei ist, so kann der Satz S aus den Sätzen des Systems $\mathfrak{L}$ nicht abgeleitet werden*"; die besprochene Methode des Schließens gestattet es nur dann festzustellen, daß sich ein Satz aus anderen Sätzen nicht ableiten läßt, wenn die Widerspruchsfreiheit einer bestimmten deduktiven Disziplin vorausgesetzt wird). — Um auf diesem Wege den erschöpfenden Beweis für die Unabhängigkeit irgendeines Axiomensystems zu gewinnen, muß man die beschriebene Methode so oft anwenden, wieviel Axiome es in dem betrachteten System gibt: der Reihe nach wird jedes Axiom des Systems als S angenommen und $\mathfrak{L}$ wird durch alle übrigen Axiome dieses Systems gebildet.*

52. Reduktion der Grundbegriffe im Axiomensystem $\mathfrak{A}'$, Axiomensystem $\mathfrak{A}''$; Begriff der geordneten Abelschen Gruppe. Wir kehren nun zu dem Axiomensystem $\mathfrak{A}'$ zurück. Da dieses System unabhängig ist, kann es unmöglich durch Weglassen von überflüssigen Axiomen vereinfacht werden; eine Vereinfachung läßt sich aber hier auf einem anderen Wege erreichen. Es zeigt sich nämlich, daß die Grundbegriffe des Axiomensystems $\mathfrak{A}'$ nicht gegenseitig unabhängig sind: man kann aus der Liste der Grundbegriffe éines der beiden Symbole „<" oder „>" streichen und es mit Hilfe des anderen definieren. Dies ist aus Theorem 3 zu ersehen: seiner Struktur wegen kann dieses Theorem als eine Definition des Symbols „>" mit Hilfe des Symbols „<" angenommen werden; sobald wir aber in diesem Theorem die beiden Seiten der Äquivalenz umstellen, können wir es als Definition des Symbols „<" mit Hilfe des Symbols „>" betrachten (in beiden Fällen empfiehlt es sich, dem Theorem die Worte „*Wir wollen sagen, daß*" voranzuschicken; vgl. 10). Vom didaktischen

138 Betrachtungen über das aufgebaute Bruchstück der Arithmetik.

Gesichtspunkte aus könnte eine derartige Reduktion der Grundbegriffe gewisse Einwände hervorrufen: die Begriffe »kleiner als« und »größer als« sind beide in gleicher Weise klar und besitzen analoge Eigenschaften, so daß es vielleicht etwas künstlich erscheinen könnte, wenn man einen dieser beiden Begriffe als ohne weiteres verständlich betrachten wollte und zugleich den anderen mit seiner Hilfe definieren würde; diese Einwände sind aber nicht überzeugend.

Wenn wir uns nun, von didaktischen Gründen abgesehen, entschließen, eines der betrachteten Symbole, z. B. das Symbol „$>$", aus der Liste der Grundausdrücke zu streichen, so taucht die Aufgabe auf, das angenommene Axiomensystem so zu gestalten, daß in ihm definierte Begriffe nicht vorkommen (nebenbei erwähnt, es ist ein methodologisches Postulat, das in der Praxis oft nicht beachtet wird; besonders werden in der Geometrie die Axiome gewöhnlich mit Hilfe definierter Begriffe formuliert, wodurch eine größere Einfachheit und Durchsichtigkeit erreicht werden kann). Die gestellte Aufgabe bietet keine Schwierigkeiten: jede Formel vom Typus:

$$x > y$$

wird im Axiomensystem $\mathfrak{A}'$ einfach durch die ihr — gemäß Theorem 3 — äquivalente Formel:

$$y < x$$

ersetzt. Es ist dabei leicht zu sehen, daß das Axiom 1 durch den Satz der Konnexität, d. i. durch das Theorem 4, ersetzt werden kann, da sich jeder dieser beiden Sätze aus dem anderen auf Grund der allgemeinen Lehrsätze der Logik (nämlich des Aussagenkalküls) ableiten läßt; das Axiom 3 wird eine einfache Einsetzung des Axioms 2 und kann deshalb überhaupt wegbleiben. Auf diese Weise gelangt man zum Axiomensystem $\mathfrak{A}''$, das aus folgenden sieben Sätzen besteht:

Axiom 1''. Wenn $x \neq y$, so gilt $x < y$ oder $y < x$.

Axiom 2''. Wenn $x < y$, so y nicht $< x$.

Axiom 3''. Wenn $x < y$ und $y < z$, so $x < z$.

Axiom 4''. $x + y = y + x$.

Axiom 5''. $x + (y + z) = (x + y) + z$.

Axiom 6″. *Für beliebige Zahlen x und y gibt es eine Zahl z, so daß $x = y + z$.*

Axiom 7″. *Wenn $y < z$, so $x + y < x + z$.*

Das Axiomensystem $\mathfrak{A}''$ ist somit jedem der beiden früheren Axiomensysteme: $\mathfrak{A}$ und $\mathfrak{A}'$ äquivalent. Wenn wir dies sagen, begehen wir jedoch eine Ungenauigkeit: es ist unmöglich, aus den Axiomen des Systems $\mathfrak{A}''$ diejenigen Sätze der Systeme $\mathfrak{A}$ oder $\mathfrak{A}'$ abzuleiten, in denen das Symbol „$>$" auftritt, solange man nicht zu $\mathfrak{A}''$ die Definition dieses Symbols hinzufügt. Wie bekannt, kann man dieser Definition folgende Gestalt geben:

Definition 1″. *Wir wollen sagen, daß $x > y$, dann und nur dann, wenn $y < x$.*

Wir wissen auch, daß der soeben angeführte Satz auf Grund des Axiomensystems $\mathfrak{A}$ oder $\mathfrak{A}'$ bewiesen werden kann, falls man ihn nicht als eine Definition, sondern als einen gewöhnlichen Lehrsatz behandelt (und im Zusammenhang damit die Anfangsworte „*Wir wollen sagen, daß*" streicht). Die Tatsache der Äquivalenz der beiden untersuchten Systeme soll demnach folgendermaßen formuliert werden: *das Axiomensystem $\mathfrak{A}''$ zusammen mit der Definition 1″ ist jedem der Systeme $\mathfrak{A}$ und $\mathfrak{A}'$ äquivalent.* Eine ebenso vorsichtige Formulierungsweise ist immer dann geboten, wenn man zwei Axiomensysteme vergleicht, die zwar äquivalent sind, in denen aber zumindest teilweise verschiedene Grundbegriffe auftreten.

Das Axiomensystem $\mathfrak{A}''$ zeichnet sich vorteilhaft durch seine durchsichtige Struktur aus: die drei ersten Axiome betreffen die Beziehung »kleiner als« und stellen zusammen fest, daß die Menge Zl durch diese Beziehung geordnet wird; die weiteren drei Axiome beziehen sich auf die Addition und drücken aus, daß die Menge Zl eine Abelsche Gruppe hinsichtlich der Addition ist; das letzte Axiom — der Satz der Monotonie — stellt schließlich eine Abhängigkeit zwischen der Beziehung »kleiner als« und der Addition fest. Man sagt von einer beliebigen Menge M, daß sie eine *geordnete Abelsche Gruppe hinsichtlich der Beziehung R und der Operation O* ist, falls 1. die Menge M durch die Beziehung R geordnet wird, 2. die Menge M eine Abelsche Gruppe in bezug auf die Operation O bildet und 3. die Operation O hinsichtlich der Beziehung R in der Menge M monoton ist; gemäß dieser Terminologie kann man sagen, daß die Menge aller Zahlen durch das Axiomensystem $\mathfrak{A}''$ als eine geordnete Abelsche Gruppe hinsichtlich der Beziehung »kleiner als« und der Operation der Addition gekennzeichnet wird.

Es kann gezeigt werden, daß $\mathfrak{A}''$ ein unabhängiges Axiomensystem ist und daß alle Grundbegriffe, die in diesem System auftreten, nämlich „Zl", „$<$" und „$+$", gegenseitig unabhängig sind.

* Will man die gegenseitige Unabhängigkeit der Grundbegriffe feststellen, so wendet man wiederum die Methode der Beweise durch Interpretation an, die jedoch hier eine kompliziertere Form hat; aus Platzmangel können wir aber nicht beschreiben, worin diese Methode modifiziert werden soll. *

53. Das vereinfachte Axiomensystem $\mathfrak{A}''''$ und seine Äquivalenz mit den vorangehenden Systemen; Bemerkungen über die möglichen Umformungen des Systems von Grundbegriffen. Das System $\mathfrak{A}''$ kann offenbar durch jedes ihm äquivalente System von Sätzen ersetzt werden. Wir wollen hier ein besonders einfaches Beispiel eines solchen Systems angeben; dieses Axiomensystem, das mit dem Symbol „$\mathfrak{A}''''$" bezeichnet werden soll, enthält dieselben Grundbegriffe wie $\mathfrak{A}''$, besteht aber nur aus fünf Sätzen:

Axiom 1'''. Wenn $x \neq y$, so gilt $x < y$ oder $y < x$.

Axiom 2'''. Wenn $x < y$, so y nicht $< x$.

Axiom 3'''. $x + (y + z) = (x + z) + y$.

Axiom 4'''. Für beliebige Zahlen x und y gibt es eine Zahl z, so daß $x = y + z$.

Axiom 5'''. Wenn $x + z < y + t$, so gilt $x < y$ oder $z < t$.

Um die Äquivalenz der Systeme $\mathfrak{A}''$ und $\mathfrak{A}'''$ zu begründen, bemerken wir zunächst, daß alle Sätze des Axiomensystems $\mathfrak{A}'''$ entweder in das Axiomensystem $\mathfrak{A}$ eingehen (das Axiom 2''' deckt sich nämlich mit dem Axiom 2 und das Axiom 4''' mit dem Axiom 9), oder auf Grund dieses Systems bewiesen wurden (das Axiom 1''' als das Theorem 4, das Axiom 3''' als das Theorem 9 und schließlich das Axiom 5''' als das Theorem 14). Da aber die Axiomensysteme $\mathfrak{A}$ und $\mathfrak{A}''$ äquivalent sind, wie wir es bereits aus 52 wissen (die Definition 1'' kann ja jederzeit dem Axiomensystem $\mathfrak{A}''$ hinzugefügt werden), so darf man auch behaupten,

Das vereinfachte Axiomensystem $\mathfrak{A}'''$. 141

daß alle Sätze des Systems $\mathfrak{A}'''$ auf Grund des Systems $\mathfrak{A}''$ bewiesen werden können. Es verbleibt nur, diejenigen Sätze des Systems $\mathfrak{A}''$ aus den Axiomen des Systems $\mathfrak{A}'''$ abzuleiten, die in $\mathfrak{A}'''$ fehlen, also die Axiome $3''$, $4''$, $5''$ und $7''$. Diese Aufgabe ist ein wenig schwieriger.

*Wir beginnen mit den Axiomen $4''$ und $5''$.

Ableitung des Axioms $4''$ aus dem Axiomensystem $\mathfrak{A}'''$. Man wendet auf zwei gegebene Zahlen x und y das Axiom $4'''$ an (in das „x" an Stelle von „y" und umgekehrt eingesetzt wird); es gibt also eine Zahl z, für die

$$y = x + z \qquad (1)$$

gilt. Ersetzt man ferner im Axiom $3'''$ „y" durch „x", so erhält man:

$$x + (x + z) = (x + z) + x. \qquad (2)$$

Mit Rücksicht auf (1) kann auf der rechten und auf der linken Seite der Gleichung (2) „$x + z$" durch „y" ersetzt werden; man bekommt dann sogleich:

$$x + y = y + x, \quad \text{w. z. b. w.}$$

Ableitung des Axioms $5''$ aus dem Axiomensystem $\mathfrak{A}'''$. Gemäß Axiom $3'''$ (in das man „y" an Stelle von „z" und umgekehrt einsetzt) erhält man:

$$x + (z + y) = (x + y) + z;$$

auf Grund des bereits abgeleiteten kommutativen Gesetzes darf man in dieser Formel „$z + y$" durch „$y + z$" ersetzen. Es ergibt sich daraus:

$$x + (y + z) = (x + y) + z,$$

worum es sich eben handelte.

Um die Ableitung der Axiome $3''$ und $7''$ leichter durchführen zu können, werden wir zunächst zeigen, wie auf Grund des Axiomensystems $\mathfrak{A}'''$ manche der in den vorangehenden Kapiteln angegebenen Lehrsätze bewiesen werden können.

Ableitung des Theorems 1 aus dem Axiomensystem $\mathfrak{A}'''$. Hier genügt die Bemerkung, daß der in **39** angeführte Beweis des Theorems 1 sich ausschließlich auf das Axiom 2 stützt, das sich seinerseits mit Axiom $2'''$ aus dem System $\mathfrak{A}'''$ deckt.

142 Betrachtungen über das aufgebaute Bruchstück der Arithmetik.

Ableitung des Axioms 6 aus dem Axiomensystem $\mathfrak{A}'''$. Wir haben in 50 gesehen, daß Axiom 6 sich aus den Axiomen 7, 8 und 9 ableiten läßt. Nun decken sich die Axiome 7 und 8 beziehungsweise mit den Axiomen 4″ und 5″, lassen sich also, wie wir bereits wissen, auf Grund des Axiomensystems $\mathfrak{A}'''$ beweisen; das Axiom 9 tritt aber im System $\mathfrak{A}'''$ als Axiom 4‴ auf. Das Axiom 6 läßt sich folglich aus dem System $\mathfrak{A}'''$ ableiten.

Ableitung des Theorems 11 aus dem Axiomensystem $\mathfrak{A}'''$. Wir haben uns in dem zweiten Beweise des Theorems 11, der in 44 angegeben wurde, ausschließlich auf die Axiome 7, 8 und 9 gestützt. Das betrachtete Theorem läßt sich hiermit aus dem System $\mathfrak{A}'''$ ableiten, und zwar aus denselben Gründen wie das Axiom 6.

Ableitung des Theorems 12 aus dem Axiomensystem $\mathfrak{A}'''$. Wir setzen voraus, daß

$$x + y < x + z,$$

und wenden das Axiom 5‴ an, in dem „z", „y" und „t" beziehungsweise durch „y", „x" und „z" ersetzt werden. Wir kommen dann zum Schluß, daß eine der Formeln:

$$x < x \text{ oder } y < z$$

gilt; die erste Möglichkeit wird abgelehnt, da sie dem bereits begründeten Theorem 1 widerspricht. Wir müssen also die Formel:

$$y < z$$

als gültig anerkennen, womit der Beweis beendet ist.

Ableitung des Axioms 3″ aus dem Axiomensystem $\mathfrak{A}'''$. Die Voraussetzungen des Axioms 3″ lauten:

$$x < y \tag{1}$$

und

$$y < z. \tag{2}$$

Wäre

$$y + x = y + z,$$

so hätten wir, gemäß Theorem 11:

$$x = z,$$

wir könnten also in (1) „x" durch „z" ersetzen und dadurch:

$$z < y$$

Das vereinfachte Axiomensystem $\mathfrak{A}'''$. 143

bekommen; diese Konklusion muß aber abgelehnt werden, weil sie kraft Axiom 2''' in einem Widerspruch zu der Ungleichung (2) steht. Es gilt also:
$$y + x \neq y + z. \qquad (3)$$

Da $y + x$ und $y + z$ Zahlen sind (Axiom 6), so folgt aus (3) auf Grund des Axioms 1''', daß einer der beiden Fälle bestehen muß:
$$y + x < y + z \text{ oder } y + z < y + x. \qquad (4)$$

Wir wollen zuerst die zweite der Formeln (4) ins Auge fassen. Auf Grund des schon vorher abgeleiteten Axioms 4'' wird in dieser Ungleichung „$y + x$" durch „$x + y$" ersetzt; man bekommt dann:
$$y + z < x + y.$$
Man wendet nun auf die letzte Formel Axiom 5''' an, in welchem man an Stelle von „x", „y" und „t" beziehungsweise „y", „x" und „y" einsetzt. Man kommt somit zum Schluß, daß
$$y < x \text{ oder } z < y$$
gilt; diese Folgerung ist aber abzuweisen, da sie kraft Axiom 2''' den Voraussetzungen (1) und (2) offenbar widerspricht.

Wir kehren also zu der ersten der Formeln (4) zurück; nach dem vorher bewiesenen Theorem 12 (in welchem „x" durch „y" und umgekehrt ersetzt wird) ergibt diese Formel sogleich:
$$x < z,$$
d. i. die Behauptung des Axioms 3'''.

Ableitung des Axioms 7'' aus dem Axiomensystem $\mathfrak{A}'''$. Die Schlußweise ist hier der vorangehenden ähnlich, obgleich bedeutend einfacher. Es wird vorausgesetzt, daß
$$y < z. \qquad (1)$$
Wäre
$$x + y = x + z,$$
so hätten wir nach Theorem 11:
$$y = z;$$
wir könnten dann in der Voraussetzung (1) „y" durch „z" ersetzen und so zu einem Widerspruch mit dem Theorem 1 kommen. Es gilt also:
$$x + y \neq x + z;$$

daraus folgt auf Grund des Axioms 1''':
$$x + y < x + z \quad oder \quad x + z < x + y. \qquad (2)$$
Nach Theorem 12 ergibt die zweite dieser Ungleichungen:
$$z < y,$$
was aber auf Grund des Axioms 2''' der Voraussetzung (1) widerspricht. Wir müssen also die erste der Ungleichungen (2):
$$x + y < x + z$$
annehmen; das ist eben die Behauptung des Axioms 7''. *

Auf diese Weise lassen sich alle Sätze des Systems $\mathfrak{A}''$ aus dem System $\mathfrak{A}'''$ folgern und umgekehrt; *die Systeme $\mathfrak{A}''$ und $\mathfrak{A}'''$ sind* demnach tatsächlich *äquivalent*. Das System $\mathfrak{A}'''$ ist zweifellos einfacher als das System $\mathfrak{A}''$ und um so mehr einfacher als die Systeme $\mathfrak{A}$ und $\mathfrak{A}'$. Besonders interessant ist die Zusammenstellung der Systeme $\mathfrak{A}$ und $\mathfrak{A}'''$: zufolge der ausgeführten Reduktionen hat sich die ursprüngliche Anzahl der Axiome um mehr als die Hälfte vermindert. Anderseits soll aber bemerkt werden, daß manche Sätze des Axiomensystems $\mathfrak{A}'''$ (und zwar die Axiome 3''' und 5''') einen weniger natürlichen Charakter haben als die Axiome der übrigen Systeme und daß die Beweise mancher ganz elementaren Theoreme auf Grund des Systems $\mathfrak{A}'''$ relativ schwieriger und komplizierter als die vorhergehenden sind.

Ebenso wie ein System von Axiomen kann auch ein System von Grundbegriffen durch ein beliebiges äquivalentes System ersetzt werden. Dies betrifft insbesondere das System der drei Symbole: „Zl", „$<$" und „$+$", die als die einzigen Grundbegriffe in den zuletzt betrachteten Axiomen auftreten. Ersetzt man z. B. in diesem System das Symbol „$<$" durch „$\leq$", so erhält man ein äquivalentes System: das zweite dieser Symbole wurde ja mit Hilfe des ersteren definiert und in Theorem 8 wird gezeigt, wie man umgekehrt das erste Symbol mit Hilfe des zweiten definieren kann. Eine derartige Umformung des Systems würde aber keineswegs vorteilhaft sein, insbesondere würde sie nichts zur Vereinfachung der Axiome beitragen und dem Leser, der vermutlich eher mit dem Symbol „$<$" als dem Symbol „$\leq$" vertraut ist, könnte sie etwas künstlich erscheinen. Ebenso gewinnt man wieder ein äquivalentes System, wenn man in dem angeführten System

Widerspruchsfreiheit des betrachteten Bruchstücks der Arithmetik. 145

von Grundbegriffen das Zeichen „+" durch „—" ersetzt; aber auch diese Umformung würde nicht zweckmäßig sein. Wir wollen noch erwähnen, daß auch solche Systeme von Grundbegriffen bekannt sind, die dem in Rede stehenden System äquivalent sind, die aber aus einer kleineren Anzahl von Begriffen, nämlich aus nur zwei Begriffen bestehen.

54. Das Problem der Widerspruchsfreiheit des betrachteten Bruchstücks der Arithmetik. Wir wollen nun kurz andere methodologische Probleme berühren, die das von uns besprochene Bruchstück der Arithmetik betreffen, und zwar die Probleme der Widerspruchsfreiheit und der Vollständigkeit (vgl. **37**). Es ist völlig irrelevant, auf welches der äquivalenten Axiomensysteme unsere Bemerkungen bezogen werden; deshalb werden wir stets von dem Axiomensystem $\mathfrak{A}$ sprechen.

Wenn wir an die Widerspruchsfreiheit der ganzen Arithmetik glauben (diese Voraussetzung wurde schon gebraucht und wird auch weiter in unseren Überlegungen gebraucht werden), so müssen wir um so mehr annehmen, daß *das auf dem Axiomensystem $\mathfrak{A}$ gegründete Bruchstück der Arithmetik widerspruchsfrei ist*. Während aber alle Versuche, die Widerspruchsfreiheit der ganzen Arithmetik streng zu beweisen, auf Schwierigkeiten grundsätzlicher Natur stoßen, so ist ein derartiger Beweis für das System $\mathfrak{A}$ wohl möglich und sogar nicht schwierig. Der Bestand von Sätzen, die sich aus dem Axiomensystem $\mathfrak{A}$ ableiten lassen, ist nämlich recht klein: auf Grund dieses Systems ist man z. B. nicht imstande, die elementare Frage, ob es überhaupt Zahlen gibt, bejahend oder verneinend zu beantworten. Eben deshalb ist es relativ leicht zu zeigen, daß zwischen den Lehrsätzen des betrachteten Bruchstücks der Arithmetik kein einziges Paar von sich widersprechenden Sätzen auftritt. Es ist völlig unmöglich, mit den Mitteln, über die wir hier verfügen, den erwähnten Beweis der Widerspruchsfreiheit zu skizzieren oder mindestens annähernd den Leser mit seiner Grundidee bekanntzumachen; wir wollen nur bemerken, daß dies eine viel tiefere Kenntnis der Logik erfordern würde und als eine notwendige Vorarbeit dazu müßte man das in Rede stehende Bruchstück der Arithmetik in der Gestalt einer formalisierten deduktiven Theorie darstellen (vgl. **36**). Erwähnt sei noch: wenn man das System $\mathfrak{A}$ durch einen einzigen Satz, der besagt, es gäbe mindestens zwei verschiedene Zahlen, vervollständigt, so wird man beim Versuch, die Widerspruchsfreiheit des so erweiterten Axiomensystems zu begründen, auf Schwierigkeiten desselben Grades stoßen wie im Falle des vollen Systems der Arithmetik.

55. Das Problem der Vollständigkeit des betrachteten Bruchstücks der Arithmetik. Einfacher als die Frage der Widerspruchsfreiheit stellt sich die Frage der Vollständigkeit des Axiomensystems $\mathfrak{A}$ dar.

Es gibt eine Menge von Problemen, die ausschließlich mit Hilfe logischer Termini und Grundbegriffe des Systems $\mathfrak{A}$ formuliert werden, die aber auf Grund dieses Systems in keiner Weise entschieden werden können. Von einem solchen Problem war schon in dem vorangehenden Paragraphen die Rede. Ein anderes Beispiel stellt der Lehrsatz dar, nach dem es für jede Zahl x eine Zahl y gibt, so daß

$$x = y + y$$

gilt; stützt man sich ausschließlich auf Axiome des Systems $\mathfrak{A}$, so vermag man diesen Lehrsatz weder zu beweisen noch zu widerlegen. Dies ergibt sich durch folgende Überlegung. Mit dem Symbol „Zl" haben wir die Menge aller reellen Zahlen bezeichnet; die Menge Zl umfaßt also sowohl die ganzen Zahlen als auch die gebrochenen, sowohl die rationalen als auch die irrationalen. Es ist aber leicht zu ersehen, daß keines von den Axiomen des Systems $\mathfrak{A}$ und dadurch auch keines von den aus ihnen folgenden Theoremen seine Gültigkeit verlieren würde weder in dem Falle, wenn wir mit dem Symbol „Zl" die Menge aller ganzen Zahlen (der positiven und negativen einschließlich der Zahl 0), noch in dem Falle, wenn wir damit die Menge aller rationalen Zahlen bezeichnen würden; alle diese Sätze würden also gültig bleiben, sowohl wenn das Wort „*Zahl*" „*ganze Zahl*", als auch, wenn es „*rationale Zahl*" bedeuten sollte. Im ersten Falle ist der angeführte Satz, nach dem es für jede Zahl eine solche Zahl gibt, die der Hälfte der ersteren gleich ist, falsch, im zweiten Falle ist er wahr. Würde uns also gelingen, den betrachteten Satz auf Grund des Systems $\mathfrak{A}$ zu beweisen, so würden wir dadurch zu einem Widerspruch in der Arithmetik der ganzen Zahlen kommen; könnten wir ihn aber widerlegen, d. h. den ihm widersprechenden Satz beweisen, so würden wir auf einen Widerspruch in der Arithmetik der rationalen Zahlen stoßen.

* Man kann leicht sehen, daß die soeben skizzierte Überlegung unter die Kategorie der Beweise durch Interpretation fällt (vgl. 51); um dies zu verdeutlichen, wollen wir diese Überlegung in einer etwas modifizierten Gestalt darstellen. Es sei mit „*Gz*" die Menge aller ganzen Zahlen und mit „*Rz*" die Menge aller rationalen Zahlen bezeichnet. Wir geben nun zwei Interpretationen des Systems $\mathfrak{A}$ in der Arithmetik an, und zwar bleiben die Symbole „<", „>" und „+" in den beiden Interpretationen unverändert, das Symbol „*Zl*" dagegen, das in jedem Axiom explizit oder implizit auftritt (vgl. 38), soll in der ersten Interpretation durch „*Gz*" und in der zweiten durch „*Rz*" ersetzt werden (man kann eventuell in der zweiten Interpretation das Zeichen „*Zl*" auch unverändert lassen). Alle Axiome des Systems $\mathfrak{A}$ bewahren in beiden Interpretationen ihre Gültigkeit, dagegen ist der Satz:

für jede Zahl x gibt es eine Zahl y, so daß $x = y + y$

nur bei der zweiten Interpretation erfüllt, in der ersten Interpretation gilt aber die Negation dieses Satzes:

nicht für jede Zahl x gibt es eine Zahl y, so daß $x = y + y$.

Unter der Voraussetzung der Widerspruchsfreiheit der Arithmetik erschließt man aus der ersten Interpretation, daß der betrachtete Satz auf Grund des Systems $\mathfrak{A}$ nicht beweisbar ist, aus der zweiten Interpretation aber, daß dieser Satz auch nicht widerlegbar ist, d. h. daß der ihm widersprechende Satz nicht bewiesen werden kann. *

Wir haben hiermit gezeigt, daß es zwei widersprechende Sätze gibt, die ausschließlich mit Hilfe logischer Termini und Grundbegriffe des betrachteten Bruchstückes der Arithmetik formuliert werden und die sich aus dem Axiomensystem dieses Bruchstückes nicht ableiten lassen. *Das Bruchstück der Arithmetik, das sich auf das Axiomensystem* $\mathfrak{A}$ *gründet, ist* also *nicht vollständig*.

Übungsaufgaben.

* 1. Wir wollen die Festsetzung treffen, daß die Formel:

$$x < y$$

dasselbe bedeutet wie:

$$x + 1 < y.$$

148 Betrachtungen über das aufgebaute Bruchstück der Arithmetik.

Wir ersetzen überall in den Axiomen des Systems $\mathfrak{A}''$ aus 52 das Zeichen „<" durch „≤". Man untersuche, welche Axiome ihre Gültigkeit bewahren und welche nicht, und man schließe daraus, daß das Axiom 1" sich nicht aus den übrigen Axiomen ableiten läßt. Wie wird die hier angewandte Methode des Schließens genannt?

*2. Nach dem Vorbild des Beweises, der in 51 für das Axiom 2' skizziert wurde, zeige man, daß das Axiom 2" aus den übrigen Axiomen des Systems $\mathfrak{A}''$ nicht abgeleitet werden kann.

*3. Das Symbol „$\overset{\circ}{Zl}$" soll die Menge bezeichnen, die aus den drei Zahlen: 0, 1 und 2 besteht. Wir definieren die Beziehung $\overset{\circ}{<}$ zwischen den Elementen dieser Menge, und zwar setzen wir fest, daß diese Beziehung nur in den folgenden drei Fällen besteht:

$$0 \overset{\circ}{<} 1, \quad 1 \overset{\circ}{<} 2, \quad 2 \overset{\circ}{<} 0.$$

Wir bestimmen ferner die Operation $\overset{\circ}{+}$ mit den Elementen der Menge $\overset{\circ}{Zl}$ durch folgende Formeln:

$$0 \overset{\circ}{+} 0 = 1 \overset{\circ}{+} 2 = 2 \overset{\circ}{+} 1 = 0,$$
$$0 \overset{\circ}{+} 1 = 1 \overset{\circ}{+} 0 = 2 \overset{\circ}{+} 2 = 1,$$
$$0 \overset{\circ}{+} 2 = 1 \overset{\circ}{+} 1 = 2 \overset{\circ}{+} 0 = 2.$$

Man ersetze überall in den Axiomen des Systems $\mathfrak{A}''$ die Grundbegriffe dieses Systems beziehungsweise durch „$\overset{\circ}{Zl}$", „$\overset{\circ}{<}$" und „$\overset{\circ}{+}$" (und das Wort „Zahl" durch den Ausdruck „*eine von den drei Zahlen*: 0, 1 *und* 2"); man zeige auf diesem Wege, daß sich das Axiom 3" nicht aus den übrigen Axiomen ableiten läßt.

*4. Um mit Hilfe eines Beweises durch Interpretation zu zeigen, daß das Axiom 4" aus den übrigen Axiomen des Systems $\mathfrak{A}''$ nicht abgeleitet werden kann, genügt es, das Zeichen der Addition in allen Axiomen durch das Symbol einer der vier Operationen zu ersetzen, von denen in der Übungsaufgabe aus VIII die Rede war. Man untersuche, um welche Operation es sich hier handelt.

*5. Wir betrachten die Operation $\dotplus$, die folgende Formel erfüllt:

$$x \dotplus y = 2 \cdot (x + y).$$

Mit Hilfe dieser Operation weise man nach, daß das Axiom $5''$ nicht aus den übrigen Axiomen des Systems $\mathfrak{A}''$ abgeleitet werden kann.

*6. Man zeige eine derartige Menge von Zahlen auf, die zusammen mit der Beziehung »kleiner als« und mit der Operation der Addition das Axiom $6''$ nicht erfüllt, zugleich aber ein Modell für die übrigen Axiome des Systems $\mathfrak{A}''$ bildet. Was für ein Schluß kann daraus hinsichtlich der Ableitbarkeit des Axioms $6''$ gezogen werden?

*7. Will man nachweisen, daß das Axiom $7''$ auf Grund der übrigen Axiome des Systems $\mathfrak{A}''$ nicht bewiesen werden kann, so ersetzt man in allen Axiomen zwei von den Grundbegriffen dieses Systems durch entsprechende Symbole, die in der Übungsaufgabe 3 eingeführt wurden, während der dritte Grundbegriff unverändert bleibt. Man untersuche dies ganz genau.

*8. Die Ergebnisse, die in den Übungsaufgaben 1—7 gewonnen wurden, zeigen, daß keines von den Axiomen des Systems $\mathfrak{A}''$ aus den übrigen Axiomen dieses Systems abgeleitet werden kann. Man führe analoge Unabhängigkeitsbeweise für die Axiomensysteme $\mathfrak{A}'$ aus 50 und $\mathfrak{A}'''$ aus 53 durch (wobei man die in den bisherigen Übungsaufgaben aufgezeigten Interpretationen zum Teil benützen möge).

*9. Wir haben die Methode der Beweise durch Interpretation eigentlich schon in einer Übungsaufgabe aus VIII angewandt. In welcher denn?

*10. Man stelle die Unabhängigkeit aller Satzsysteme fest, von denen in den Übungsaufgaben 5 und 6 aus VI die Rede war (vgl. hierzu Übungsaufgabe 4 aus VI).

11. Man weise auf Grund des Axiomensystems $\mathfrak{A}''$ nach, daß jede Menge von Zahlen, die eine Abelsche Gruppe hinsichtlich der Addition ist, zugleich eine geordnete Abelsche Gruppe hinsichtlich der Beziehung »kleiner als« und der Addition ist. Man gebe Beispiele solcher Mengen von Zahlen an.

12. In der Übungsaufgabe 5 aus VIII wurden Mengen von Zahlen angegeben, die Abelsche Gruppen hinsichtlich der Multiplikation sind. Welche von diesen Mengen sind geordnete Abelsche

150 Betrachtungen über das aufgebaute Bruchstück der Arithmetik.

Gruppen hinsichtlich der Beziehung < und der Multiplikation und welche sind es nicht?

*13. Man verwende das Ergebnis, das in der Übungsaufgabe 12 gewonnen wurde, für einen neuen Beweis der Unabhängigkeit des Axioms 7″ von den übrigen Axiomen des Systems $\mathfrak{A}''$ (vergl. Übungsaufgabe 7).

*14. Man beweise auf Grund des Axiomensystems $\mathfrak{A}''$ folgendes Theorem:

Wenn es mindestens zwei verschiedene Zahlen gibt, so gibt es für jede Zahl x eine Zahl y, so daß $x < y$ gilt.

Durch eine Verallgemeinerung dieses Ergebnisses begründe man folgenden allgemeinen Lehrsatz aus der Gruppentheorie:

Ist die Menge M eine geordnete Abelsche Gruppe hinsichtlich der Beziehung R und der Operation O und besteht diese Menge aus mindestens zwei Elementen, so gibt es für jedes Element x der Menge M ein Element y dieser Menge, so daß $x\,R\,y$ gilt.

Man zeige auf Grund dieses Lehrsatzes, daß keine Menge, die eine geordnete Abelsche Gruppe ist, genau aus zwei, drei usw. Elementen bestehen kann; kann sie aus genau einem Elemente bestehen? Man vergleiche hierzu Übungsaufgabe 8 aus **VIII**.

*15. Man zeige, daß das System von Axiomen 1″—3″ (aus 52) demjenigen System äquivalent ist, das aus Axiom 1″ und aus dem folgenden Satz besteht:

Wenn $x < y$, $y < z$, $z < t$, $t < u$ und $u < v$, so v nicht $< x$.

Durch eine Verallgemeinerung dieses Ergebnisses begründe man folgenden allgemeinen Lehrsatz aus der Relationstheorie:

Damit die Menge M durch die Relation R geordnet wird, ist es notwendig und hinreichend, daß die Relation R konnex in der Menge M ist und daß sie folgende Bedingung erfüllt:

sind x, y, z, t, u und v beliebige Elemente der Menge M und gilt $x\,R\,y$, $y\,R\,z$, $z\,R\,t$, $t\,R\,u$ und $u\,R\,v$, so gilt v nicht $R\,x$.

*16. Auf Grund der Überlegungen aus **43**, **50** und **53** weise man nach, daß folgende drei Systeme von Sätzen äquivalent sind:

a) das System von Axiomen 6—9 aus **42**,

Übungsaufgaben. 151

b) das System von Axiomen 4″—6″ aus 52,
c) das System von Axiomen 3‴ und 4‴ aus 53.

Als eine Verallgemeinerung dieses Ergebnisses formuliere man neue Definitionen des Ausdrucks:

die Menge M ist eine Abelsche Gruppe hinsichtlich der Operation O,

die der in 42 angeführten Definition äquivalent, aber einfacher sind.

*17. Wir wollen das System $\mathfrak{A}''''$ betrachten, das aus folgenden fünf Axiomen besteht:

Axiom 1″″. *Wenn $x \neq y$, so gilt $x < y$ oder $y < x$.*

Axiom 2″″. *Wenn $x < y$, $y < z$, $z < t$, $t < u$ und $u < v$, so v nicht $< x$.*

Axiom 3″″. $x + (y + z) = (x + z) + y$.

Axiom 4″″. *Für beliebige Zahlen x und y gibt es eine Zahl z, so daß $x = y + z$.*

Axiom 5″″. *Wenn $y < z$, so $x + y < x + z$.*

Auf Grund der in den Übungsaufgaben 15 und 16 gewonnenen Ergebnisse zeige man, daß das System $\mathfrak{A}''''$ jedem der beiden Systeme $\mathfrak{A}''$ und $\mathfrak{A}'''$ äquivalent ist.

18. Wir haben in 53 behauptet, daß das System der drei Symbole: „Zl“, „<“ und „+“ dem System der Symbole „Zl“, „<“ und „+“ äquivalent ist; dieser Behauptung sollten wir eigentlich hinzufügen, daß diese Systeme mit Rücksicht auf ein bestimmtes System von Sätzen, z. B. mit Rücksicht auf das Axiomensystem $\mathfrak{A}'''$ und die Definition 1 aus 41, äquivalent sind. Man überlege, warum eine solche Ergänzung unentbehrlich ist. Allgemein gesagt: warum muß man immer ein bestimmtes System von Sätzen ins Auge fassen, wenn man die Äquivalenz zweier Systeme von Ausdrücken (im Sinne von 35) feststellen will?

*19. Wir wollen das System $\mathfrak{A}°$ betrachten, das aus folgenden sieben Sätzen besteht:

Axiom 1°. *Für beliebige Zahlen x und y gilt $x \leqslant y$ oder $y \leqslant x$.*

Axiom 2°. *Wenn $x \leqslant y$ und $y \leqslant x$, so $x = y$.*

Axiom 3°. *Wenn $x \leqslant y$ und $y \leqslant z$, so $x \leqslant z$.*

Axiom 4°. $x + y = y + x$.

Axiom 5°. $x + (y + z) = (x + y) + z$.

Axiom 6°. *Für beliebige Zahlen x und y gibt es eine Zahl z, so daß $x + y = z$.*

Axiom 7°. *Wenn $y < z$, so $x + y < x + z$.*

Man zeige, daß die Axiomensysteme $\mathfrak{A}''$ (aus 52) und $\mathfrak{A}°$ zu äquivalenten Systemen von Sätzen werden, falls man zu dem ersten dieser Systeme die Definition 1 aus 41 und zu dem zweiten das Theorem 8 aus 41 hinzufügt, wobei dieses Theorem als Definition des Symbols „$<$" betrachtet wird. Warum darf man nicht einfach sagen, daß die Systeme $\mathfrak{A}''$ und $\mathfrak{A}°$ äquivalent sind?

20. Nach dem Vorbild der Überlegungen aus 55 zeige man, daß auf Grund des Axiomensystems $\mathfrak{A}$ folgender Satz weder bewiesen noch widerlegt werden kann:

Ist $x < z$, so gibt es eine Zahl y, für die $x < y$ und $y < z$ gilt.

*21. Es soll gezeigt werden, daß auf Grund des Axiomensystems $\mathfrak{A}$ folgender Satz weder bewiesen noch widerlegt werden kann:

Für jede beliebige Zahl x gibt es eine Zahl y, so daß $x < y$.

* 22. Wir haben die Methode der Beweise durch Interpretation in IX dazu verwendet, um die Unabhängigkeit oder die Unvollständigkeit eines Axiomensystems festzustellen. Dieselbe Methode wird auch in den Untersuchungen über die Widerspruchsfreiheit verwendet. Gelingt es nämlich, für das Axiomensystem einer Disziplin $\mathfrak{D}$ eine Interpretation in einer anderen mathematischen Disziplin $\mathfrak{D}'$ aufzufinden, so wird der folgende Satz als bewiesen angesehen:

Ist die Disziplin $\mathfrak{D}'$ widerspruchsfrei, so ist auch die Disziplin $\mathfrak{D}$ widerspruchsfrei.

Man begründe eine derartige Schlußweise. Wir haben in 34 manche Bemerkungen bezüglich der Interpretationsmöglichkeiten der Axiomensysteme gemacht, die der Arithmetik und der Geometrie zugrunde liegen; durch Anwendung der beschriebenen Schlußweise leite man aus diesen Bemerkungen Folgerungen ab, die die Widerspruchsfreiheit jener beiden Disziplinen und ihren Zusammenhang mit der Widerspruchsfreiheit der Logik betreffen.

X. Axiomensysteme für die ganze Arithmetik reeller Zahlen.

56. Unzulänglichkeit des Axiomensystems $\mathfrak{A}$ für die Begründung der ganzen Arithmetik reeller Zahlen; System $\mathfrak{A}^\times$, seine Grundbegriffe und Axiome. Das Axiomensystem $\mathfrak{A}$ ist nicht ausreichend zur Begründung der ganzen Arithmetik reeller Zahlen, sowohl deswegen, weil — wie wir in 55 erfahren haben — zahlreiche Lehrsätze dieser Disziplin nicht aus den Axiomen dieses Systems abgeleitet werden können, als auch aus einem anderen, nicht weniger wichtigen und übrigens völlig analogen Grunde: es kann eine Reihe von Begriffen aus dem Bereich der Arithmetik angegeben werden, die sich mit Hilfe der im System $\mathfrak{A}$ auftretenden Grundbegriffe nicht definieren lassen. So werden wir z. B. auf Grund des Systems $\mathfrak{A}$ niemals imstande sein, die Zeichen der Multiplikation und Division, ja nicht einmal solche Symbole wie „1", „2" usw. zu definieren.

Im Zusammenhang damit taucht in natürlicher Weise folgende Frage auf: wie sollen wir das von uns angenommene System von Axiomen und Grundbegriffen umformen oder vervollständigen, um eine ausreichende Basis für die Grundlegung der ganzen Arithmetik reeller Zahlen zu gewinnen? Wir können dieses Problem in verschiedener Weise lösen; es sollen hier zwei ziemlich verschiedene Lösungsmethoden skizziert werden.[1]

Bei der Darstellung der ersten Methode wählen wir als Ausgangspunkt das System $\mathfrak{A}'''$ (vgl. 53); zu den in diesem System auftretenden Grundbegriffen fügen wir das Wort „*Eins*" hinzu, das, wie üblich, durch das Symbol „1" ersetzt wird, und ergänzen die Axiome des Systems durch vier neue Sätze. Auf diese Weise bekommt man ein neues System $\mathfrak{A}^\times$, das die vier Grundbegriffe:

---

[1] Das erste für die Grundlegung der ganzen Arithmetik reeller Zahlen ausreichende Axiomensystem wurde im Jahre 1900 von *Hilbert* veröffentlicht (vgl. S. 92, Anm. [1]); dieses System ist dem System $\mathfrak{A}^{\times\times}$ verwandt, das wir weiter unten kennenlernen werden. Vor 1900 waren Axiomensysteme für gewisse weniger umfassende Teile der Arithmetik bekannt; das erste derartige Axiomensystem, und zwar für die Arithmetik der natürlichen Zahlen, wurde im Jahre 1889 von dem italienischen Mathematiker und Logiker *G. Peano* (1858 bis 1932) veröffentlicht.

154 Axiomensysteme für die ganze Arithmetik reeller Zahlen.

„Zl", „<", „+", „1" enthält und aus neun Axiomen besteht, die wir hier explizit aufschreiben wollen:

Axiom 1$^\times$. Wenn $x \neq y$, so gilt $x < y$ oder $y < x$.

Axiom 2$^\times$. Wenn $x < y$, so y nicht $< x$.

Axiom 3$^\times$. Ist $x < z$, so gibt es eine Zahl y, für die $x < y$ und $y < z$ gilt.

Axiom 4$^\times$. Wenn M und N beliebige Mengen von Zahlen sind (d. i. $M \subset Zl$ und $N \subset Zl$), die folgende Bedingung erfüllen:
ist x ein beliebiges Element der Menge M und y ein beliebiges Element der Menge N, so gilt $x < y$, —
— dann gibt es eine Zahl z, die folgender Bedingung genügt:
ist x ein beliebiges Element der Menge M und y ein beliebiges Element der Menge N, wobei $x \neq z$ und $y \neq z$, so gilt $x < z$ und $z < y$.

Axiom 5$^\times$. $x + (y + z) = (x + z) + y$.

Axiom 6$^\times$. Für beliebige Zahlen x und y gibt es eine Zahl z, so daß $x = y + z$.

Axiom 7$^\times$. Wenn $x + z < y + t$, so gilt $x < y$ oder $z < t$.

Axiom 8$^\times$. $1 \in Zl$.

Axiom 9$^\times$. $1 < 1 + 1$.

57. Nähere Charakterisierung des Systems $\mathfrak{A}^\times$, dichte und stetige Beziehungen; methodologische Vorteile und didaktische Nachteile des Systems $\mathfrak{A}^\times$. Die im vorigen Paragraphen angegebenen Axiome zerfallen in drei Gruppen: in der ersten Gruppe, die aus den Axiomen 1$^\times$—4$^\times$ besteht, treten nur zwei Grundbegriffe auf: „Zl" und „<"; in der zweiten Gruppe, zu der die Axiome 5$^\times$—7$^\times$ gehören, tritt zu den vorangehenden Begriffen noch das Zeichen „+" hinzu; schließlich erscheint in der dritten Gruppe, die aus den beiden letzten Axiomen 8$^\times$ und 9$^\times$ besteht, noch das Symbol „1".

Unter den Axiomen der ersten Gruppe befinden sich zwei, die bisher nicht bekannt waren: die Axiome 3$^\times$ und 4$^\times$. Das Axiom 3$^\times$ wird *Satz der Dichtigkeit für die Beziehung »kleiner als«* genannt: es drückt aus, daß die Beziehung »kleiner als« in der Menge aller Zahlen dicht ist; die Beziehung R heißt nämlich *in der Menge M*

dicht, wenn für beliebige Elemente x und y dieser Menge die Formel:
$$x\,R\,y$$
die Existenz eines solchen Elements z der Menge M nach sich zieht, für das
$$x\,R\,z \quad \text{und} \quad z\,R\,y$$
gilt. Das Axiom $4^{\times}$ wird *Satz der Stetigkeit für die Beziehung »kleiner als«* (auch einfach *Stetigkeitsaxiom*) oder *Satz von Dedekind* genannt[1]; will man ganz allgemein festlegen, unter welchen Bedingungen die Beziehung R *in der Menge M stetig* ist, so reicht es hin, in Axiom $4^{\times}$ überall „Zl" durch „M" (und — was damit zusammenhängt — das Wort „*Zahl*" durch den Ausdruck „*Element der Menge M*") sowie „$<$" durch „R" zu ersetzen. Wird die Menge M durch die Beziehung R geordnet und ist R in dieser Menge dicht, bzw. stetig, so sagt man, daß *die Menge M durch die Beziehung R dicht, bzw. stetig, geordnet wird*.

Das Axiom $4^{\times}$ ist weniger einleuchtend und komplizierter als die übrigen Axiome; es unterscheidet sich von anderen Axiomen schon dadurch, daß in ihm nicht von einzelnen Zahlen, sondern von Zahlenmengen die Rede ist. Um diesem Axiom eine durchsichtigere und faßlichere Form zu geben, empfiehlt es sich, ihm folgende Definitionen voranzuschicken:

Wir wollen sagen, daß die Zahlenmenge M der Zahlenmenge N vorangeht, dann und nur dann, wenn jede Zahl der Menge M kleiner als jede Zahl der Menge N ist.

Wir wollen sagen, daß die Zahl z die Zahlenmengen M und N trennt, dann und nur dann, wenn beliebige zwei Zahlen x und y, von denen die erste der Menge M und die zweite der Menge N angehört und die dabei von z verschieden sind, die Formeln: $x < z$ und $z < y$ erfüllen.

Auf Grund dieser Definitionen läßt sich das Stetigkeitsaxiom ganz einfach formulieren:

---

[1] Dieser Satz wurde — in einer etwas abweichenden Formulierung — von dem deutschen Mathematiker *R. Dedekind* (1831—1916) aufgestellt, dessen Untersuchungen viel zur Grundlegung der Arithmetik und besonders der Theorie der irrationalen Zahlen beigetragen haben.

156 Axiomensysteme für die ganze Arithmetik reeller Zahlen.

Wenn eine Zahlenmenge der anderen vorangeht, so gibt es mindestens éine Zahl, die diese Mengen trennt.

Alle Axiome der zweiten Gruppe sind uns aus früheren Überlegungen bekannt. Die Axiome der dritten Gruppe sind zwar neu, aber ihr Inhalt ist so einfach und einleuchtend, daß sie kaum einer Erläuterung bedürfen. Höchstens ist dies zu bemerken: schickt man dem Axiom $9^\times$ die Definitonen des Symbols „0" und des Ausdrucks *„positive Zahl"* voran, so kann man dieses Axiom durch die Formel:

$$0 < 1,$$

bzw. durch den Satz:

1 *ist eine positive Zahl*

ersetzen.

Wie wir bereits wissen, bilden die Axiome $1^\times$, $2^\times$, $5^\times$, $6^\times$ und $7^\times$ das Axiomensystem $\mathfrak{A}'''$, das — ebenso wie das ihm äquivalente System $\mathfrak{A}''$ — die Menge aller Zahlen als eine geordnete Abelsche Gruppe charakterisiert (vgl. 52). Berücksichtigt man nun den Inhalt der neu hinzugefügten Axiome $3^\times$, $4^\times$, $8^\times$ und $9^\times$, so kann das ganze System folgendermaßen gekennzeichnet werden: *das Axiomensystem $\mathfrak{A}^\times$ legt fest, daß die Menge aller Zahlen eine dicht und stetig geordnete Abelsche Gruppe hinsichtlich der Beziehung »kleiner als« und der Operation der Addition bildet, wobei in dieser Menge ein gewisses positives Element 1 ausgezeichnet wird.*

Das Axiomensystem $\mathfrak{A}^\times$ besitzt vom methodologischen Gesichtspunkt aus eine Menge von Vorteilen: es ist äußerlich wohl das einfachste aller bekannten Axiomensysteme, die eine ausreichende Basis für die Grundlegung der ganzen Arithmetik geben; mit Ausnahme des Axioms $1^\times$, das sich (auf nicht allzu einfache Weise) aus den übrigen Axiomen ableiten läßt, sind sowohl alle anderen Axiome des Systems als auch alle in diesen Axiomen auftretenden Grundbegriffe voneinander unabhängig. Der didaktische Wert des betrachteten Systems ist dagegen unvergleichlich geringer, weil die Einfachheit der Grundlagen bedeutende Komplikationen in den weiteren Ausführungen verursacht. Schon die Definition der Multiplikation und die Ableitung der Grundgesetze, die diese Operation betreffen, ist in dem gegebenen Falle nicht leicht durchzuführen. Fast vom Anfang an muß man in den Überlegungen das Stetigkeitsaxiom benutzen (ohne seine Hilfe kann man z. B.

auf Grund des Systems $\mathfrak{A}^\times$ unmöglich beweisen, daß die Zahl $\frac{1}{2}$ existiert, d. i. eine Zahl y, für die $y + y = 1$ gilt), und die Schlüsse, die sich auf dieses Axiom stützen, bieten gewöhnlich den Anfängern ziemlich große Schwierigkeiten.

58. Grundbegriffe und Axiome des Systems $\mathfrak{A}^{\times\times}$. Aus den soeben erwähnten Gründen ist es der Mühe wert, nach einem anderen Axiomensystem zu suchen, auf das man die Arithmetik aufbauen kann. Ein solches System kann auf folgendem Wege gewonnen werden. Ausgangspunkt soll das Axiomensystem $\mathfrak{A}''$ sein. Es werden drei neue Grundbegriffe angenommen, und zwar *„Null"*, *„Eins"* und *„Produkt"*; wir ersetzen, wie üblich, die ersten zwei Termini durch die Symbole „0" und „1" und statt des Ausdrucks *„das Produkt der Zahlen (Faktoren) x und y"* (bzw. *„das Ergebnis der Multiplikation mit den Zahlen x und y"*) schreiben wir „$x \cdot y$". Ferner werden dem Axiomensystem dreizehn neue Sätze eingefügt; darunter sind uns schon zwei bekannt, nämlich der Satz der Stetigkeit und der Satz der Ausführbarkeit für die Addition. So gewinnen wir schließlich das Axiomensystem $\mathfrak{A}^{\times\times}$, das sechs Grundbegriffe: „Zl", „$<$", „$+$", „0", „$\cdot$" und „1" enthält und aus folgenden zwanzig Sätzen besteht:

Axiom $1^{\times\times}$. *Wenn $x \neq y$, so gilt $x < y$ oder $y < x$.*

Axiom $2^{\times\times}$. *Wenn $x < y$, so y nicht $< x$.*

Axiom $3^{\times\times}$. *Wenn $x < y$ und $y < z$, so $x < z$.*

Axiom $4^{\times\times}$. *Wenn M und N beliebige Mengen von Zahlen sind, die folgende Bedingung erfüllen:*

ist x ein beliebiges Element der Menge M und y ein beliebiges Element der Menge N, so gilt $x < y$, —

— dann gibt es eine Zahl z, die folgender Bedingung genügt:

ist x ein beliebiges Element der Menge M und y ein beliebiges Element der Menge N, wobei $x \neq z$ und $y \neq z$, so gilt $x < z$ und $z < y$.

Axiom $5^{\times\times}$. *Für beliebige Zahlen x und y gibt es eine Zahl z, so daß $x + y = z$ (mit anderen Worten: wenn $x \in Zl$ und $y \in Zl$, so $x + y \in Zl$).*

Axiom $6^{\times\times}$. $x + y = y + x$.

Axiom $7^{\times\times}$. $x + (y + z) = (x + y) + z$.

Axiom 8$^{\times\times}$. *Für beliebige Zahlen x und y gibt es eine Zahl z, so daß $x = y + z$.*

Axiom 9$^{\times\times}$. *Wenn $y < z$, so $x + y < x + z$.*

Axiom 10$^{\times\times}$. $0 \in Zl$.

Axiom 11$^{\times\times}$. $x + 0 = x$.

Axiom 12$^{\times\times}$. *Für beliebige Zahlen x und y gibt es eine Zahl z, so daß $x \cdot y = z$ (mit anderen Worten: wenn $x \in Zl$ und $y \in Zl$, so $x \cdot y \in Zl$).*

Axiom 13$^{\times\times}$. $x \cdot y = y \cdot x$.

Axiom 14$^{\times\times}$. $x \cdot (y \cdot z) = (x \cdot y) \cdot z$.

Axiom 15$^{\times\times}$. *Für beliebige Zahlen x und y, wenn $y \neq 0$, so gibt es eine Zahl z, so daß $x = y \cdot z$.*

Axiom 16$^{\times\times}$. *Wenn $0 < x$ und $y < z$, so $x \cdot y < x \cdot z$.*

Axiom 17$^{\times\times}$. $x \cdot (y + z) = (x \cdot y) + (x \cdot z).$

Axiom 18$^{\times\times}$. $1 \in Zl$.

Axiom 19$^{\times\times}$. $x \cdot 1 = x$.

Axiom 20$^{\times\times}$. $0 \neq 1$.

59. Nähere Charakterisierung des Systems $\mathfrak{A}^{\times\times}$: Einheitselement einer Operation, Distributivität einer Operation hinsichtlich einer anderen, der Begriff des Körpers und des geordneten Körpers. Ebenso wie im Axiomensystem $\mathfrak{A}^{\times}$ können im System $\mathfrak{A}^{\times\times}$ drei Gruppen von Axiomen ausgezeichnet werden. In den Axiomen $1^{\times\times}$–$4^{\times\times}$, die die erste Gruppe bilden, treten nur zwei Grundbegriffe auf, „Zl" und „$<$"; in der zweiten Gruppe, die aus den Axiomen $5^{\times\times}$–$11^{\times\times}$ besteht, kommen noch zwei andere Zeichen vor, nämlich das Symbol der Addition „$+$" und das Symbol „0"; schließlich spielen in der dritten Gruppe, die die Axiome $12^{\times\times}$–$20^{\times\times}$ enthält, das Symbol der Multiplikation „$\cdot$" und das Symbol „1" die Hauptrolle.

Alle Axiome der beiden ersten Gruppen mit Ausnahme der Axiome $10^{\times\times}$ und $11^{\times\times}$ sind uns bereits bekannt. Die Axiome $10^{\times\times}$ und $11^{\times\times}$ zusammen stellen fest, daß 0 ein (rechtsseitiges) Einheitselement der Addition ist. Man sagt nämlich, daß *e rechtsseitiges*, bzw. *linksseitiges Einheitselement der Operation O in der*

Nähere Charakterisierung des Systems $\mathfrak{A}^{\times\times}$. 159

Menge M ist, wenn e zu der Menge M gehört und wenn dabei jedes beliebige Element x dieser Menge die Formel:

$$x \, O \, e = x, \text{ bzw. } e \, O \, x = x$$

erfüllt. Ist e zugleich ein rechts- und linksseitiges Einheitselement, so wird es *beiderseitiges Einheitselement* oder einfach *Einheitselement der Operation O in der Menge M* genannt; es leuchtet ein, daß im Falle einer kommutativen Operation O jedes rechts- oder linksseitige Einheitselement dieser Operation zugleich ein beiderseitiges Einheitselement ist.

In den ersten drei Axiomen der dritten Gruppe, d. i. den Axiomen $12^{\times\times}$—$14^{\times\times}$, erkennen wir die *Sätze der Ausführbarkeit, der Kommutativität und der Assoziativität für die Multiplikation;* sie entsprechen genau den Axiomen $5^{\times\times}$—$7^{\times\times}$. Das Axiom $15^{\times\times}$ wird *Satz der (rechtsseitigen) Umkehrbarkeit* und das Axiom $16^{\times\times}$ *Satz der Monotonie für die Multiplikation hinsichtlich der Beziehung »kleiner als«* genannt. Diese Axiome entsprechen den Sätzen der Umkehrbarkeit und der Monotonie für die Addition, jedoch nicht ganz genau: man kann auf Grund der betrachteten Axiome nicht behaupten, daß die Multiplikation in der Menge Zl umkehrbar oder hinsichtlich der Beziehung »kleiner als« monoton (im Sinne von 42 und 44) ist, da in den Voraussetzungen dieser Axiome die beschränkenden Bedingungen („$y \neq 0$", bzw. „$0 < x$") vorkommen.

Das Axiom $17^{\times\times}$ stellt eine grundlegende Abhängigkeit zwischen der Addition und der Multiplikation fest; es ist der sog. *Satz der (rechtsseitigen) Distributivität für die Multiplikation hinsichtlich der Addition*. Allgemein formuliert, heißt die Operation P *rechtsseitig*, bzw. *linksseitig distributiv hinsichtlich der Operation O in der Menge M*, wenn beliebige drei Elemente x, y und z der Menge M die Formeln:

$$x \, P \, (y \, O \, z) = (x \, P \, y) \, O \, (x \, P \, z),$$

$$\text{bzw. } (x \, O \, y) \, P \, z = (x \, P \, z) \, O \, (y \, P \, z)$$

erfüllen; ist dabei die Operation P kommutativ, so fallen die Begriffe der rechtsseitigen und der linksseitigen Distributivität zusammen, und man sagt einfach, die Operation P ist *hinsichtlich der Operation O in der Menge M distributiv*.

160   Axiomensysteme für die ganze Arithmetik reeller Zahlen.

Die drei letzten Axiome betreffen die Zahl 1. Die Axiome $18^{\times\times}$ und $19^{\times\times}$ zusammen drücken aus, daß 1 ein (rechtsseitiges) Einheitselement der Multiplikation ist. Der Inhalt des Axioms $20^{\times\times}$ braucht nicht erklärt zu werden; die Rolle, die dieses Axiom beim Aufbau der Arithmetik spielt, ist größer, als es von vornherein scheinen könnte: ohne seine Hilfe vermag man nicht nachzuweisen, daß die Menge aller Zahlen unendlich ist.

Die Gesamtheit der Eigenschaften, die der Addition und der Multiplikation in den Axiomen $5^{\times\times}$—$8^{\times\times}$, $12^{\times\times}$—$15^{\times\times}$ und $17^{\times\times}$ zugeschrieben werden, wird kurz durch die Behauptung ausgedrückt, daß die Menge Zl ein *Körper* (genauer: ein *kommutativer Körper*) *hinsichtlich der Operationen der Addition und der Multiplikation* ist; stellt man die angegebenen Axiome mit den Anordnungssätzen $1^{\times\times}$—$3^{\times\times}$ und den Monotoniesätzen $9^{\times\times}$ und $16^{\times\times}$ zusammen, so kann man feststellen, daß die Menge Zl ein *geordneter Körper hinsichtlich der Beziehung »kleiner als« sowie der Operationen der Addition und der Multiplikation* ist. Der Leser wird leicht erraten, wie der Begriff des Körpers, bzw. des geordneten Körpers auf beliebige Mengen, Operationen und Relationen ausgedehnt werden kann. — Falls man noch das Axiom $4^{\times\times}$, d. i. das Stetigkeitsaxiom, sowie die Axiome: $10^{\times\times}$, $11^{\times\times}$ und $18^{\times\times}$—$20^{\times\times}$, die die Zahlen 0 und 1 betreffen, in Betracht zieht, so kann man den Inhalt des ganzen Axiomensystems $\mathfrak{A}^{\times\times}$ wie folgt kennzeichnen: *das Axiomensystem $\mathfrak{A}^{\times\times}$ drückt aus, daß die Menge aller Zahlen ein stetig geordneter Körper hinsichtlich der Beziehung »kleiner als« sowie der Operationen der Addition und der Multiplikation ist, und zeichnet dabei in dieser Menge zwei verschiedene Elemente: 0 und 1 aus, von denen das eine Einheitselement der Addition und das zweite Einheitselement der Multiplikation ist.*

60. Äquivalenz der Axiomensysteme $\mathfrak{A}^{\times}$ und $\mathfrak{A}^{\times\times}$; methodologische Nachteile und didaktische Vorteile des Systems $\mathfrak{A}^{\times\times}$. Die Axiomensysteme $\mathfrak{A}^{\times}$ und $\mathfrak{A}^{\times\times}$ sind äquivalent (genauer, sie werden es im Augenblicke, wenn man dem ersten System die mit Hilfe der Grundbegriffe dieses Systems formulierten Definitionen des Symbols „0" und des Symbols der Multiplikation hinzufügt). Der Beweis der Äquivalenz ist jedoch nicht leicht. Zwar bietet die Ableitung der Axiome des ersten Systems aus denen des zweiten keine größere Schwierigkeit; aber aus den über das System $\mathfrak{A}^{\times}$

vorher gemachten Bemerkungen folgt, daß auf Grund dieses Systems sowohl das Definieren der Multiplikation als auch das Begründen der Grundsätze, die diese Operation betreffen und im System $\mathfrak{A}^{\times\times}$ enthalten sind, ziemliche Schwierigkeiten macht.

In methodologischer Hinsicht übertrifft das System $\mathfrak{A}^\times$ erheblich das System $\mathfrak{A}^{\times\times}$. Die Anzahl der Axiome in $\mathfrak{A}^{\times\times}$ ist mehr als zweimal so groß. Die Axiome sind voneinander nicht unabhängig: so lassen sich z. B. die Axiome $5^{\times\times}$ und $12^{\times\times}$, d. i. die Sätze der Ausführbarkeit für die Addition und für die Multiplikation, aus den übrigen Axiomen ableiten, wenn man aber diese beiden Sätze beläßt, so kann man einige andere Axiome, u. a. $6^{\times\times}$, $11^{\times\times}$ und $14^{\times\times}$, streichen. Auch die Grundbegriffe sind voneinander nicht unabhängig: denn drei von ihnen, nämlich „$<$", „0" und „1", können mit Hilfe der übrigen Begriffe definiert werden (* eine der möglichen Definitionen des Symbols „0" wurde beispielsweise in 48 angegeben *), wobei die Anzahl der Axiome eine weitere Reduktion erfahren kann.

Somit läßt sich das Axiomensystem $\mathfrak{A}^{\times\times}$ bedeutsam vereinfachen, und zwar in verschiedener Weise; infolge dieser Vereinfachungen würden sich aber die didaktischen Vorteile des betrachteten Systems vermindern. Und diese Vorteile sind tatsächlich groß. Auf Grund des Axiomensystems $\mathfrak{A}^{\times\times}$ können die wichtigsten Teile der Arithmetik reeller Zahlen — die Theorie der Grundbeziehungen zwischen den Zahlen, die Theorie der vier „niedrigeren" arithmetischen Operationen: der Addition, der Subtraktion, der Multiplikation und der Division, die Theorie der Gleichungen, der Ungleichungen und der Funktionen ersten Grades — ohne jede Schwierigkeit entwickelt werden. Die Schlußweisen haben hier einen sehr natürlichen und ganz elementaren Charakter; insbesondere geht das Stetigkeitsaxiom in diese Schlußweisen gar nicht ein, es spielt eine wesentliche Rolle erst in der Theorie der drei „höheren" arithmetischen Operationen: des Potenzierens, des Wurzelziehens und des Logarithmierens und es ist notwendig für den Beweis der Existenz irrationaler Zahlen. Es ist wohl kein anderes System von Axiomen und Grundbegriffen bekannt, das eine vorteilhaftere Basis für eine elementare und zugleich streng deduktive Begründung der Arithmetik reeller Zahlen geben könnte.

162 Axiomensysteme für die ganze Arithmetik reeller Zahlen.

Übungsaufgaben.

* 1. Man zeige, daß die Menge aller positiven Zahlen, die Beziehung »kleiner als«, die Operation der Multiplikation und die Zahl 2 ein Modell des Axiomensystems $\mathfrak{A}^\times$ bilden und daß dieses System hiermit mindestens zwei verschiedene Interpretationen in der Arithmetik besitzt.

2. Welche von den in der Übungsaufgabe 4 aus V aufgezeigten Beziehungen sind dicht?

* 3. Man beweise, daß jede Beziehung, die in einer Menge reflexiv ist (vgl. 24), in dieser Menge auch dicht sein muß.

4. Welche von den folgenden Mengen von Zahlen werden durch die Beziehung $<$ dicht geordnet:

a) die Menge aller natürlichen Zahlen,

b) die Menge aller ganzen Zahlen,

c) die Menge aller rationalen Zahlen,

d) die Menge aller positiven Zahlen,

e) die Menge aller von 0 verschiedenen Zahlen?

Welche von diesen Mengen werden stetig geordnet?

* 5. Will man auf Grund des Axiomensystems $\mathfrak{A}^\times$ beweisen, daß die Zahl $\frac{1}{2}$ existiert, d. i. eine solche Zahl z, für die

$$z + z = 1$$

gilt, so schließt man folgendermaßen. Man bezeichnet mit dem Symbol „M" die Menge aller Zahlen x, so daß

$$x + x < 1,$$

und mit dem Symbol „N" die Menge aller solchen Zahlen y, für die

$$1 < y + y$$

gilt. Man zeigt, daß die Menge M der Menge N vorangeht. Durch Anwendung des Stetigkeitsaxioms gewinnt man eine Zahl z, die die Mengen M und N trennt. Es wird gezeigt, daß die Zahl z weder zu der Menge M gehören kann (da es im entgegengesetzten Fall eine Zahl x in der Menge M geben würde, die größer als z

Übungsaufgaben. 163

wäre), noch in der Menge N enthalten ist, und daraus wird geschlossen, daß x die gesuchte Zahl ist, d. i. daß

$$x + x = 1$$

gilt. Man führe ganz genau den soeben skizzierten Beweis durch.

*6. Durch eine Verallgemeinerung der Schlußweise aus der vorangehenden Übungsaufgabe beweise man auf Grund des Systems $\mathfrak{A}^\times$ folgendes Theorem:

T. *Für jede beliebige Zahl x gibt es eine Zahl y, so daß $x = y + y$.*

Man vergleiche das gewonnene Ergebnis mit den Ausführungen aus 55.

*7. In dem Axiomensystem $\mathfrak{A}^\times$ wird das Axiom $3^\times$ durch das Theorem T aus der vorangehenden Übungsaufgabe ersetzt. Man zeige, daß das auf diese Weise erhaltene System von Sätzen dem System $\mathfrak{A}^\times$ äquivalent ist.

Anweisung: Um das Axiom $3^\times$ aus den Sätzen des modifizierten Systems $\mathfrak{A}^\times$ abzuleiten, setzt man in das Theorem T „$x + z$" an Stelle von „x" ein; auf Grund der Voraussetzung des Axioms $3^\times$ kann man nun leicht zeigen, daß die Zahl y der Behauptung dieses Axioms genügt.

*8. Man zeige, mittels der Methode der Interpretation, daß nach Weglassung des Axioms $1^\times$ das System $\mathfrak{A}^\times$ zu einem System von gegenseitig unabhängigen Axiomen wird.

*9. Man gebe eine geometrische Interpretation der Axiomensysteme $\mathfrak{A}^\times$ und $\mathfrak{A}^{\times\times}$ an, indem man die Übungsaufgabe 2 aus VIII erweitert.

10. Besitzen die Subtraktion, die Division und die in der Übungsaufgabe 3 aus VIII aufgezeigten Operationen rechtsseitige, linksseitige oder beiderseitige Einheitselemente in der Menge aller Zahlen?

11. Besitzen die Addition und die Durchschnittsbildung von Mengen (vgl. 21) Einheitselemente in der Menge aller geometrischen Figuren?

*12. Man zeige, daß jede in einer Menge kommutative Operation höchstens ein Einheitselement in dieser Menge besitzt. Durch eine Verallgemeinerung des in der Übungsaufgabe 24

164 Axiomensysteme für die ganze Arithmetik reeller Zahlen.

aus **VIII** gewonnenen Ergebnisses begründe man ferner folgenden Lehrsatz aus der Gruppentheorie:

Ist die Menge M eine Abelsche Gruppe hinsichtlich der Operation O, so besitzt die Operation O in der Menge M genau éin Einheitselement.

13. Wir betrachten fünf arithmetische Operationen: die Addition, die Subtraktion, die Multiplikation, die Division und die Potenzbildung. Man formuliere Sätze, die ausdrücken, daß eine dieser Operationen hinsichtlich einer anderen rechtsseitig oder linksseitig distributiv ist (es gibt im ganzen 40 solcher Sätze). Man untersuche, welche von diesen Sätzen wahr sind.

14. Man löse die vorige Übungsaufgabe, indem man sie auf die vier Operationen: A, B, G und K anwendet, die in der Übungsaufgabe 3 aus **VIII** eingeführt wurden. Man zeige ferner, daß jede Operation, die in einer Menge von Zahlen ausführbar ist, in dieser Menge hinsichtlich der Operationen A und B beiderseitig distributiv ist.

15. Ist die Addition von Mengen hinsichtlich der Durchschnittsbildung distributiv oder umgekehrt (vgl. Übungsaufgabe 13 aus **IV**)?

16. Welche von den in der Übungsaufgabe 4 aufgezeigten Mengen von Zahlen sind Körper hinsichtlich der Addition und der Multiplikation oder geordnete Körper hinsichtlich der Beziehung »kleiner als« sowie hinsichtlich der Addition und der Multiplikation?

17. Man beweise, daß die aus den Zahlen 0 und 1 bestehende Menge ein Körper hinsichtlich der in der Übungsaufgabe 6 aus **VIII** definierten Operation ○ und der Multiplikation ist.

18. Man bestimme zwei Operationen mit den Zahlen 0, 1 und 2, derart daß die Menge dieser drei Zahlen einen Körper hinsichtlich dieser Operationen bildet.

19. Wie kann das Symbol „1" mit Hilfe der Multiplikation definiert werden?

20. Auf Grund des Systems $\mathfrak{A}^{\times \times}$ läßt sich folgendes Theorem beweisen:

Wenn $0 < x$, so gibt es eine Zahl y, für die $x = y \cdot y$ gilt.

Man nehme an, daß dieses Theorem bereits bewiesen wurde,

und leite mit seiner Hilfe aus den Axiomen des Systems $\mathfrak{A}^{\times\times}$ folgenden Satz ab:

$x < y$ gilt dann und nur dann, wenn $x \neq y$ ist und wenn es dabei eine Zahl z gibt, so daß $x + z . z = y$.

Wird durch den soeben angeführten Satz eine in 60 gemachte Bemerkung betreffs einer möglichen Reduktion von Grundbegriffen im System $\mathfrak{A}^{\times\times}$ begründet?

* 21. Man beweise das Theorem T aus der Übungsaufgabe 6 auf Grund des Axiomensystems $\mathfrak{A}^{\times\times}$. Man vergleiche diesen Beweis mit demjenigen Beweis, der in der Übungsaufgabe 6 vorgeschlagen wurde und der sich auf das Axiomensystem $\mathfrak{A}^{\times}$ stützt; welcher der beiden Beweise ist schwieriger und erfordert eine größere Kenntnis von logischen Begriffen?

Anweisung: Um das Theorem T auf Grund des Systems $\mathfrak{A}^{\times\times}$ zu beweisen, wendet man das Axiom $15^{\times\times}$ an, in welchem „y" durch „$1 + 1$" und „z" durch „y" ersetzt wird (vorher ist aber zu zeigen, daß $1 + 1$ von 0 verschieden ist); somit gewinnt man eine Zahl y, von der man mit Hilfe der Axiome $13^{\times\times}$, $17^{\times\times}$ und $19^{\times\times}$ leicht zeigen kann, daß sie die durch das Theorem T angegebene Formel erfüllt.

* 22. Man leite aus den Axiomen des Systems $\mathfrak{A}^{\times\times}$ alle Axiome des Systems $\mathfrak{A}^{\times}$ ab.

Anweisung: Um das Axiom $3^{\times}$ abzuleiten, nimmt man an, daß das Theorem T aus der Übungsaufgabe 6 bereits auf Grund des Systems $\mathfrak{A}^{\times\times}$ bewiesen wurde (vgl. die vorangehende Übungsaufgabe), und dann verfährt man ähnlich wie in der Übungsaufgabe 7.

Literaturangaben.

Wir wollen zum Schluß auf einige Werke hinweisen, mit deren Hilfe der Leser die in dem vorliegenden Buch erworbenen Kenntnisse zu vertiefen und zu erweitern vermag; es soll aber vorweggenommen werden, daß in keinem dieser Werke alle hier berührten Probleme in systematischer und erschöpfender Weise erörtert werden. Es ist zu bemerken, daß die Literatur des uns interessierenden Gebietes noch verhältnismäßig arm an Lehrbüchern ist; man kann schwer Bücher angeben, in denen die Durchsichtigkeit und Faßlichkeit der Darstellung mit der notwendigen Exaktheit Hand in Hand geht.

H. Behmann. Mathematik und Logik. Leipzig und Berlin 1927. (Mathematisch-physikalische Bibliothek, Bd. 71.) — Dieses Büchlein ist außerordentlich knapp. Es wird einem Leser, der schon eine gewisse Übung im abstrakten Denken und in der Benützung der symbolischen Schreibweise hat, ermöglichen, den logischen Kalkül etwas näher kennenzulernen; es wird ihm auch eine flüchtige Kenntnis gewisser subtilerer Probleme der mathematischen Logik geben, die in dem vorliegenden Buche nicht berührt wurden (hier gehört z. B. die sog. Typentheorie).

R. Carnap. Abriß der Logistik. Wien 1929. (Schriften zur wissenschaftlichen Weltauffassung, Bd. 2). — Trotz seines kleinen Umfangs gibt dieses Buch eine klare Übersicht über die gesamte gegenwärtige mathematische Logik und über die Methoden ihrer Anwendung auf andere (nicht nur mathematische) Wissenschaften; insbesondere kann es dazu dienen, die logische Symbolik kennenzulernen.

D. Hilbert und *W. Ackermann. Grundzüge der theoretischen Logik.* Berlin 1928. (Die Grundlehren der mathematischen Wissenschaften, Bd. XXVII.) — Dieses Werk enthält die Grundlinien fundamentaler Teile der mathematischen Logik sowie die Erörterung der wichtigsten methodologischen Probleme, die diese Teile der Logik betreffen; es ist zugleich präzis und faßlich und kann schon als eine Einführung in ein systematisches Studium und in die tieferen Untersuchungen aus dem Gebiete der mathematischen Logik dienen.

H. Scholz. Geschichte der Logik. Berlin 1931. (Geschichte der Philosophie in Längsschnitten, Bd. 4.) — Es ist ein historischer Grundriß der Entwicklung der Logik bis zu den neuesten Zeiten. Der Glaube an eine weittragende Rolle der heutigen mathematischen Logik durchdringt jede Seite dieses Büchleins und die Lebendigkeit und Farbigkeit des Stils macht seine Lektüre sogar für einen Laien anziehend.

Aus der nichtdeutschen Literatur möchten wir folgende Bücher empfehlen:

B. Russell. Introduction to Mathematical Philosophy. London 1921 (2. Aufl.). Es gibt auch eine deutsche Übersetzung von *E. J. Gumpel* und *W. Gordon: Einführung in die mathematische Philosophie*, München 1923. Das Werk gibt eine klare und faßliche Darstellung derjenigen Grundbegriffe der Logik, die zu einer strengen Grundlegung der Mathematik notwendig sind.

J. W. Young. Lectures on Fundamental Concepts of Algebra and Geometry. New York 1911. — In diesem kleinen, aber außerordentlich lehrreichen Büchlein kann man eine Reihe von interessanten Überlegungen und Beispielen aus dem Gebiete der Methodologie der Mathematik finden.